中国轻工业"十三五"规划教材

陶瓷工艺综合实验

杨海波　朱建锋　王　通　主编

U0202586

西北工业大学出版社

西　安

【内容简介】 本书主要阐述了陶瓷设计性实验和综合性实验设计方法,详细介绍了陶瓷坯体和釉料的制备过程,以及陶瓷材料工艺性能测试方法及陶瓷研究常用的仪器设备原理和操作过程。实验内容涉及陶瓷坯体、釉料配方的设计方法及制备过程,陶瓷材料的各种工艺性能的测试方法、原理及过程,并介绍了差热分析仪、X 射线衍射分析仪及扫描电镜等陶瓷行业常用仪器。

　　本书可作为高等学校无机非金属材料、无机非金属材料加工与工程(陶瓷方向)专业的实验课程教材或教学参考书,也可作为职业教育、成人教育或中等专科学校教学参考书,还可供从事陶瓷研究和生产的科研工作者及工程技术人员参考。

图书在版编目 (CIP) 数据

陶瓷工艺综合实验/杨海波,朱建锋,王通主编
. —西安:西北工业大学出版社,2020.4
　ISBN 978 - 7 - 5612 - 7017 - 2

　Ⅰ. ①陶⋯ Ⅱ. ①杨⋯ ②朱⋯ ③王⋯ Ⅲ. ①陶瓷－工艺学-高等学校-教材 Ⅳ. ①TQ174.6

中国版本图书馆 CIP 数据核字 (2020)第 026591 号

TAOCI GONGYI ZONGHE SHIYAN
陶 瓷 工 艺 综 合 实 验

责任编辑:杨丽云　付高明	**策划编辑:**付高明
责任校对:朱晓娟	**装帧设计:**李　飞

出版发行: 西北工业大学出版社
通信地址: 西安市友谊西路 127 号　　　　邮编:710072
电　　话: (029)88491757,88493844
网　　址: www. nwpup. com
印 刷 者: 陕西向阳印务有限公司
开　　本: 787 mm×1 092 mm　　　　1/16
印　　张: 12.25
字　　数: 304 千字
版　　次: 2020 年 4 月第 1 版　　　2020 年 4 月第 1 次印刷
定　　价: 40.00 元

前　言

随着科学技术深入发展,现代企业要求高校培养更多的高素质、能力强、有开拓进取精神的创新型人才。实验教学是培养学生能力的重要途径,不仅要学生通过实验来学习基本实验方法,更重要的是要学生掌握应用这些方法进行独立的科学研究。因此,在实验教学中,必须注重学生能力的培养,使其在知识和能力方面得到提高。

在教育部对高等学校本科专业调整后,专业面大幅拓宽,要求培养学生的创新能力和加强动手能力训练,这就要求改变原先实验教学依附于理论教学、为理论教学服务的传统模式,构建与理论教学平行并存、相辅相成的实验教学体系,从而培养学生综合素质、科研思维方法、工程应用技术的综合能力,以及创新思维和分析问题、解决问题的能力。

本书主要是在陕西科技大学使用的校编实验教材《陶瓷工艺学实验》基础上,参考了大量兄弟院校的专业文献资料,吸收了国内外新的测试方法和标准以及研究成果,结合国内有关实验仪器设备,对原校编教材进行了一次较大的修订。因次,在本次编写过程中,根据教学改革的要求,特别增加了设计性实验和综合性实验内容,其目的主要是对学生在进行实验方案设计时起到指导作用,为学生及早地参加科研和开展创新活动创造条件,使学生进一步完整和深刻地了解和掌握陶瓷科学研究工作,提高动手能力和分析、解决问题的能力。

本书内容涉及陶瓷科学的方方面面,知识面广,大部分测试方法和检验方法依据了国内外有关标准,与陶瓷研究和生产实际使用方法基本一致。因此,本书除作为高等学校学生教材使用外,还可供陶瓷研究和生产企业的工作者及工程技术人员参考。有关职业教育、成人教育院校和中专学校及培训班在使用本教材时,可根据教学时数和仪器设备,适当选择有关内容和调整实验深度。

全书分为6章,第1章对实验提出了有关要求;第2章、第3章分别讲述了陶瓷坯体和陶瓷釉料设计性综合实验的设计方法,主要起到对学生的指导作用;第4章详细介绍了陶瓷相关工艺性能的测试和实验方法;第5章对陶瓷材料物理、化学性能测试方法进行了介绍;第6章列举了陶瓷材料常用现代测试仪器。为了培养学生分析和解决实际问题的能力,在第4~6章每个实验后均附有思考题,以便加强对书中内容的理解,达到举一反三的目的。

本书第1~4章由杨海波编写,第5章由王通编写,第6章由朱建锋编写。编写过程中,得到了陕西科技大学教务处、材料学院及陶瓷教研室有关领导和老师的支持与帮助,在此表示最衷心的感谢。对本书曾参阅过的文献资料的作者,在此谨致谢意。

由于笔者水平有限,经验不足,所以书中难免存在疏漏及不妥之处,敬请读者批评指正。

编　者
2019 年 8 月

目　录

第1章 总 论

"陶瓷工艺综合实验"课程是无机非金属材料专业(陶瓷方向)的必修课程,是"陶瓷工艺学"教学过程中的重要组成部分,它是对理论课程的补充,并在专业教学过程中占有重要地位。

陶瓷工艺综合实验课程主要包括陶瓷坯体制备工艺综合实验、陶瓷釉料制备综合实验、陶瓷材料工艺性能测试、陶瓷材料理化性能实验以及现代材料分析方法等部分。

1.1 实验目的

陶瓷工艺综合实验旨在学习陶瓷的生产工艺实际过程和有关工艺过程,让学生在实验室内学会有关陶瓷材料的组成设计、原料选择、配方计算、材料制备、加工以及性能测试等全过程的实验研究方法。通过开展陶瓷工艺综合实验,使学生对陶瓷生产工艺和陶瓷产品有全面了解。学生利用所学的知识,亲自动手,利用陶瓷生产原料制作陶瓷产品,完成陶瓷试样成型、干燥、烧结工艺,并检测陶瓷质量。将教学课程内容与生产实践相结合,培养学生运用所学知识自主设计实验方案和实验过程,独立分析实验结果,使得学生动手操作能力得到较大提高,所学理论知识得到进一步升华,并提高分析问题和解决问题的工作能力,同时也为今后的工作和毕业论文环节奠定了良好的基础。

1.2 实验要求

(1)在开展实验前两周内,由实验老师讲解实验的具体内容和要求,并下达本次实验课的综合实验任务书,学生根据实验任务书要求在实验前一周内提交综合实验方案报告。

(2)根据实验安排,按时进入实验室。

(3)实验操作前应认真检查实验设备、用具是否完好,若发现问题及时报告指导教师解决或补充。以严谨态度对待实验,实验过程严格按规程操作,实验现象和数据必须当场记录在实验记录纸上,要有实事求是的科学态度。做到严格、细致、耐心,切勿潦草从事。要善于发现和解决实验中出现的问题。实验结束时必须请指导教师检查签字。实验结束后,应清理所用仪器设备材料,整理实验台面。所用仪器要清理干净,摆放整齐,有使用登记册的要填写使用情况,并经指导教师验收签字后方可离开。

(4)遵守实验室制度,注意安全,爱护设备,节约水电和药品。

(5)保持室内安静、整洁。

(6)凡违反实验室各项制度经批评不改者,指导教师和实验室管理教师有权取消其本次实验资格,另行安排时间。

1.3 实验方案报告要求

在开设实验前两周内,由实验教师讲解实验的具体内容和要求,并下达本次实验课的综合实验任务书。学生根据实验任务书要求,结合自己所学专业知识及个人爱好和兴趣,选定或设计本次实验题目。

当题目确定以后,要求学生在图书馆、资料室和网上查询相关文献资料(要求查阅数量1~3篇),并认真阅读和理解,写出本次实验的设计方案报告,内容应包括文献综述、化学组成设计、配方设计和理论计算、实验过程、性能测定项目、所需实验仪器设备及材料药品。

要求在上交实验方案时一并附上参考文献正文,并注明资料来源。综合实验方案报告字数要求应在3 000字以上,并自行设计方案报告封面。封面必需的内容示例如下。

陶瓷工艺综合实验方案设计报告

×××陶瓷材料的制备及性能测定(其他方面题目可自定)

班　　级 ＿＿＿＿＿

姓　　名 ＿＿＿＿＿

学　　号 ＿＿＿＿＿

指导教师 ＿＿＿＿＿

必须认真撰写实验方案,无实验方案不允许做实验;严禁抄袭实验方案报告,对抄袭报告的学生,除责成该生做出深刻检查外,必须重新书写实验方案报告。

1.4 实验过程要求

当学生完成实验方案设计后,实验教师对方案进行认真审查。以可行性和正确性为原则,在每位学生的方案中选取部分可行性方案,并组织学生对方案再次进行分析讨论,使方案尽可能达到合理、完善、可行。对未选取的实验方案,作为学习资料组织学生交流讨论,同时教师再给以点评,以扩大学生的知识面。

实验方案确定后,按照3~5个学生编成一个实验小组,由实验小组讨论落实详细的实施方案,然后进行实施。

在实验方案的实施过程中,从组成设计到试样制备及性能测试全过程,均以学生为主体,实验教师主要针对学生在实验中遇到的、看到的、想到的、体会到的问题,采取启发式、对比式、提问式和研讨式的教学方法,先与学生进行交流和讨论,然后给以讲解。实验完成后,每位学生应提交一份实验报告。

综合实验报告,要求学生以科技论文形式完成,内容应包括文摘、文献综述、实验过程、理化性能测试、分析与讨论、结论、参考文献、建议和体会等,字数不少于5 000字,并自行设计综合实验报告封面。封面的设计也是对学生的一次训练,可适当给报告加分。封面必需的内容示例如下。

陶瓷工艺综合实验报告

×××陶瓷材料的制备和性能测定（其他方面题目可自定）

班　　级_____

姓　　名_____

学　　号_____

指导教师_____

1.5　实验成绩评定

综合实验课成绩评定按实验方案设计报告（预习报告）、实验过程和实验报告等进行综合评定。其中实验方案设计报告（预习报告）占 10％，实验报告占 30％，实验过程占 60％。实验方案设计报告、实验报告应及时完成交指导老师，缺报告和不参加实验考试者总分以"0"分计。

实验成绩包括 3 部分：预习报告部分（10 分）、实验过程（60 分）、实验报告（30 分），具体评分细则见表 1－1～表 1－3。

表 1－1　预习报告评分标准

具体要求＼权重系数	1.0	0.8	0.7	0.5
1.实验原理清楚	满足 5 项要求	有 1、2、3、5 项	有 1、2、3 项	有 1、2 项
2.有实验过程示意				
3.有数据记录表格				
4.有必要数据查阅				
5.有主要仪器使用预习				

表 1－2　实验过程评分标准

具体要求＼权重系数	1.0	0.8	0.7	0.5
1.实验台面整洁和环境卫生好	整洁	较整洁	一般	较差
2.实验装置规范	规范	较规范	一般	不规范
3.实验操作规范，实验仪器使用熟练	规范	较规范	一般	较差

续　表

具体要求　　　权重系数	1.0	0.8	0.7	0.5
4.实验记录规范	规范	较规范	一般	较差
5.实验结果优秀	好	良好	一般	不符合
6.遵守纪律,实验态度好	遵守	能遵守	一般	不遵守

表 1-3　实验报告评分标准

具体要求　　　权重系数	1.0	0.8	0.7	0.5
1.实验数据处理	规范	较规范	一般	较差
2.有实验结果报告,并给予科学的解释	充分	科学	合理	无或差
3.有实验讨论和建议并能完成课后思考	全有,充分	全有,较好	有讨论,无解题	全无

第2章 陶瓷坯体制备工艺综合实验

2.1 实验目的

(1)全面系统地复习与巩固已学的陶瓷专业理论知识。

(2)重点巩固并熟悉基本陶瓷原料的组成及工艺性能,并进行坯体配方实验。

(3)培养和提高学生的动手能力和操作技能,通过坯体配方的实际操作掌握生产技能。

(4)理论与实际相结合,活学活用,将理论知识运用到实际中去,提高发现问题、解决实际生产中所遇到问题的能力。

(5)坯料配方是陶瓷生产中一个重要基础部分,通过设计与实验,为学生今后顺利地就业上岗打下良好的基础。

2.2 实验要求

(1)设计前要学习、收集、查阅国内外各种陶瓷配方的资料及方法,把前人的先进经验运用到生产实际中去,避免走弯路。

(2)根据市场需要及结合本地原料的具体情况确定产品的种类、性能要求,进行陶瓷配方的设计、计算及实验,以达到生产的要求。

(3)以小组为单位,围绕配方设计指导书的内容对基本的陶瓷原料外观、物化性能进行测试分析,掌握各种原料对坯釉配方的作用及影响。

(4)设计和实验之后,组织同学以小组为单位进行总结,综合分析与研讨,提出新的设想与论点,为撰写设计和实验说明书(论文)打好基础。

2.3 陶瓷坯体配方设计内容

2.3.1 概述

坯体的制备应围绕以下两方面展开:①瓷质种类和品种的确定;②产品质量指标的论述(见表2-1)。

表2-1 陶瓷性能指标

项 目	白度	透明度	光泽度	釉面硬度	机械强度	吸水率	热稳定性	变形	开裂
指 标									

2.3.2 陶瓷坯体配方的设计

1. 设计原则

设计原则:①使产品达到所要求的质量标准和使用性能(根据当前配方中存在质量问题,本配方选择中重点应解决什么问题)。②满足生产工艺要求。③考虑厂家(或本地区)生产工艺特点及设备条件。④考虑原料资源、品位及交通运输、价格等条件。

2. 原料的比较和确定

(1)化学组成分析见表 2-2。

表 2-2 原料化学组成

原料名称	化学组成/(%)								
	SiO_2	Al_2O_3	Fe_2O_3	TiO_2	CaO	MgO	K_2O	Na_2O	IL

(2)矿物组成鉴定见表 2-3 可用理论示性矿物计算及参考资料分析。

表 2-3 原料矿物组成

原料名称	矿物组成/(%)			
	黏土	长石	石英	绢云母

(3)颗粒分析(可塑原料)见表 2-4。

表 2-4 原料颗粒组成分析

原料名称	颗粒组成/(%)					
	$<1\ \mu m$	$1\sim5\ \mu m$	$5\sim10\ \mu m$	$10\sim15\ \mu m$	$>50\ \mu m$	(目)筛余(自测)

(4)工艺性能测定见表 2-5。

表 2-5 原料工艺性能组成

原料名称	可塑水分	可塑指标	干燥强度	干燥收缩	烧成收缩	烧结范围	烧后白度

(5)确定所采用的原料见表 2-6。

表 2-6　坯体配方所用原料及化学组成

原料名称	化学组成/(%)								
	SiO_2	Al_2O_3	Fe_2O_3	TiO_2	CaO	MgO	K_2O	Na_2O	IL

3. 设计方法确定

(1)设计方法:

1)以瓷坯化学组成或坯式为基准,采用原料逐项满足的方法。

2)以理论示性矿物组成为基准,把成功的瓷坯化学组成换算成示性矿物组成,然后采用原料逐项满足的方法。

3)利用三元相图进行配方计算(限于 3 种原料),如图 2-1 所示。其步骤如下。

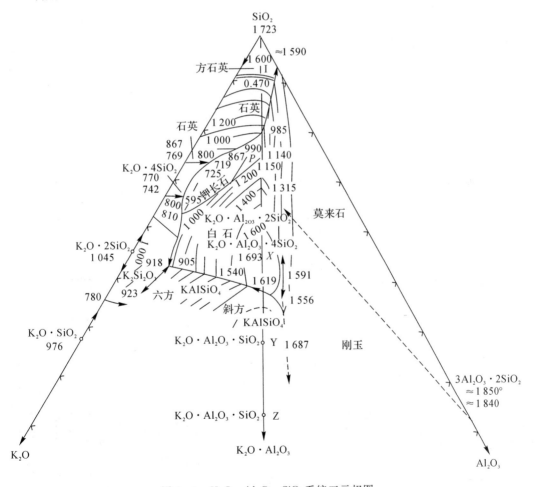

图 2-1　K_2O-Al_2O_3-SiO_2 系统三元相图

a. 先将原料及瓷坯中相应氧化物转换为 K_2O，Al_2O_3，SiO_2 三元系统。

b. 将瓷坯和原料的成分点在 K_2O - Al_2O_3 - SiO_2 三元相图中。

c. 根据杠杆规则计算出各原料的配料比。

（2）设计方法的确定：

1）配方设计步骤：

a. 根据瓷质初步确定瓷坯化学组成范围（见表 2-7），在瓷坯化学组成范围中选定 3～4 种成分比例（1♯，2♯，3♯…）进行配方计算。

表 2-7　瓷坯化学组成范围

化学成分/（%）		化学组成（%）						
		SiO_2	Al_2O_3	Fe_2O_3	CaO	MgO	K_2O	Na_2O
	试样							
瓷坯	1♯							
	2♯							
	3♯							
	4♯							

b. 用已选定的原料进行配方计算，如采用相图计算，见表 2-8。

表 2-8　配方计算

原料名称	原料代号	化学组成/（%）		
		K_2O	Al_2O_3	SiO_2
	A			
	B			
	C			
瓷坯	1♯（P_1）			
	2♯（P_2）			
	3♯（P_3）			

2）坯料配方及化学组成见表 2-9。

表 2-9　坯料配方及化学组成

配方号	原料配方比/（%）	化学组成/（%）								坯式	酸度系数
		SiO_2	Al_2O_3	Fe_2O_3	CaO	MgO	K_2O	Na_2O	IL		
1♯											
2♯											
3♯											
…											

3）坯料配方试验：

a．观察测试瓷胎性能：白度、吸水率等。

b．坯料工艺性能测定，见表 2－10。

表 2－10　坯体工艺性能

配方号	细度 /250 目	成型水分 %	可塑指标 cm·kg	干燥收缩 %	烧成收缩 %	总收缩 %	干折强度 MPa	烧后抗折强度 MPa	烧后白度		耐火度 /℃	烧结范围 /℃
									O₂	CO		
1♯												
2♯												
3♯												
4♯												

4）确定最佳配方。比较各种配方，选定性能好而且稳定的配方作为最佳配方。

2.4　配方设计与实验安排

2.4.1　坯料配方拟定

1．确定瓷质、产品的品种

瓷质系指长石质瓷、娟云母质瓷。产品品种指成套餐具、茶具和文具等，或者日用细瓷、普通瓷器、单件盘碟、杯、壶和碗等。

2．确定产品瓷质要求

产品瓷质要求：白度、透明度、光泽度、釉面硬度、机械强度、吸水率和热稳定性等，按部颁标准定。

3．确定产品生产质量要求

根据部颁标准或企业标准提出包括变形、开裂、针孔、黑点等等的质量要求。

例如，变形要根据外观一级品要求、产品具体尺寸大小来计算变形量，然后将各指标按产品尺寸列入表格中。

4．本次配方重点解决的问题

该项问题要根据不同地区的情况，易出现哪些缺陷来定，如针对常见的变形、釉面针孔、斑点缺陷等问题加以解决。

5．根据现有原料进行比较

现有原料比较的内容：①比较运输、储藏量、品位和价格。②各原料化学成分分析。③矿物组成分析。④颗粒组成分析。原料比较后，还要进行工艺性能测定与比较，其内容有可塑性、真密度、干折、干燥和烧成收缩、白度等，最后根据各种性能情况，确定本次应采用哪几种原料进行配方。

6. 配方设计

确定 3～4 种配方(最少 3 种)。

(1)配方设计方法确定:参照 2.3 与本门课程教材进行各种配方计算。

(2)比较几种设计方法:3 种,确定本次采用哪种方法。

(3)配方设计步骤

1)根据选定瓷质类别初步确定瓷坯化学组成范围,并在组成范围中结合有关实际生产或有关资料选定最少 3 个具体配方的化学组成。

2)用确定选用的原料进行配方设计(可采用三元相图计算,见 2.3)。

3)拟定配方,选用原料满足化学组成(或坯式),进行计算。估算耐火度、烧成温度及酸值系数等。

2.4.2 坯料配方实验

(1)所用原料预先要测定其水分、细度,配料比将换算成下料单(湿料)。

(2)将原料、球石、水按一定比例放入球磨桶(罐)中进行粉碎、搅拌等。原料一般 4～5 kg,装载量为球磨桶的 4/5。

(3)粉碎、搅拌时间以细度来控制(或过的筛目)。

(4)打好的泥浆过筛脱水、揉泥(或真空练泥),然后成型、干燥、烧成每一种配方。

泥浆要进行细度、水分测定。过筛一般 120 目。

每一配方泥浆或可塑压泥成型为六角形试块(16 块),留下 9 块最佳坯料配方试块,每 3 块施 1 种釉,余下的 4 块未上釉烧成(氧化焰、还原焰各 2 块,测白度、吸收率),3 块测干燥和烧成收缩。

成型试条为 15 根,3 根测定生坯抗折强度,3 根测定素坯抗折强度,9 根上釉后烧成,测定抗折强度(3 种釉,每种釉施 3 根试条)。

(5)进行各工艺指标数据测定:成型水分、细度、可塑性、收缩、强度、白度和吸水率等。

2.4.3 确定最佳配方

坯料配方比较、评价,确定最佳配方,然后扩大生产试验。确定坯料配方,并确定生产工艺流程、工艺特点、控制指标、原料检验标准和加工方法等。

2.5 配方设计与实验报告(论文)撰写提纲

(1)前言。

(2)概述。①瓷质种类和品种。②产品质量指标。

(3)坯料配方:

1)设计原则。

2)原料比较和确定:①化学组成。②矿物组成。③颗粒分析。④工艺性能。⑤确定原料(说明理由)。

3)设计方法。

4)设计步骤:①初步确定瓷坯化学组成范围。②配方具体计算:只要计算一个,其他用表格表示。③配方试验：见 2.4.2 节。④比较配方，说明理由，选定最佳坯料配方。

（4）工艺确定（流程、加工要求，指出改进方向）。

（5）总结收获及不足。

（6）参考资料。

第3章 陶瓷釉料制备工艺综合实验

3.1 实验目的

(1)全面系统地复习与巩固已学的陶瓷专业理论知识。

(2)重点巩固并熟悉基本陶瓷原料的组成及工艺性能,并进行坯体配方试验。

(3)培养和提高学生的动手能力和操作技能,即通过坯体配方的实际操作掌握生产技能。

(4)理论与实际相结合,活学活用,将理论知识运用到实际中去,提高发现问题、解决实际生产中所遇到问题的能力。

(5)坯釉料配方是陶瓷生产中一个重要基础部分,通过设计与试验,为学生今后顺利地就业上岗打下良好的基础。

3.2 实验要求

(1)设计前要学习、收集、查阅国内外各种陶瓷配方的资料及方法,把前人的先进经验运用到生产实际中去,避免走弯路。

(2)根据市场需要并结合本地原料的具体情况确定产品的种类、性能要求,进行陶瓷配方的设计、计算及试验,以达到生产的要求。

(3)以小组为单位,围绕配方设计指导书的内容对基本的陶瓷原料外观、物化性能进行测试分析,掌握各种原料对坯釉配方的作用及影响。

(4)设计和实验之后,组织学生以小组为单位进行总结、综合分析与研讨,提出新的设想和论点,为撰写设计和实验报告(论文)打好基础。

3.3 陶瓷釉配方设计内容

3.3.1 概述

釉是瓷器的一个重要组成部分,是紧密附着在坯体之上的一个玻璃薄层,它的设计应在坯料配方之后进行。

(1)釉面性能指标见表3-1。

表 3 - 1　釉面性能指标

项　目	白度	透明度	光泽度	釉面硬度	机械强度		吸水率	热稳定性
					无釉	有釉		
指　标								

（2）产品质量要求见表 3 - 2。

表 3 - 2　釉面质量要求

项　目	变形	开裂	针孔	黑点
指　标				

根据部颁标准或企业标准提出产品质量要求,将各项指标列于表中。

3.3.2　釉料配方设计

1. 设计原则

（1）应满足产品使用性能和釉料质量标准要求。

（2）釉料应根据坯体物理性能来调节其性能,二者应相适应:①A 坯的烧结温度与釉的熔融温度一致,即釉的成熟温度略低于坯体成熟温度,成熟范围应宽,并有适应的高温流动性。②$\alpha_{釉}$略小于或等于 $\alpha_{坯}$。③酸碱度。④弹性模数等。

（3）应考虑具体釉料制备工艺条件,釉料应符合各种工艺要求:①悬浮性。②细度、颗粒度等。③浓度、釉层厚度。④流动性(高温、低温)。⑤施釉方法等。

（4）合理正确地选择原料:①一般纯度较高。②生釉料原料不溶于水,色釉着色物质应不离析。③供应量充足,价格低廉。

2. 选定釉的种类

根据坯料配方,确定釉的种类(长石釉、钙釉或其他釉)。

3. 确定采用的原料

（1）原料化学组成见表 3 - 3。

表 3 - 3　原料化学组成

原料名称	化学组成/(%)								
	SiO_2	Al_2O_3	Fe_2O_3	TiO_2	CaO	MgO	K_2O	Na_2O	IL

（2）矿物组成见表 3 - 4。

表 3 - 4　矿物组成

原料名称	矿物组成(%)			
	黏　土	长　石	石　英	绢云母

可自行鉴定或计算示性矿物组成。

(3)原料主要特征及工艺性能见表3-5。

表 3-5　原料主要特征及工艺性能

原料名称	外观特征	相对密度及硬度	烧后白度	熔融范围/℃

(4)确定釉料配方所用原料及其化学组成见表3-6。

表 3-6　釉料配方所用原料及其化学组成

原料名称	化学组成/(%)								
	SiO_2	Al_2O_3	Fe_2O_3	TiO_2	CaO	MgO	K_2O	Na_2O	IL

3.3.3　设计方法确定

(1)借助于成功的经验及资料进行配方,可参照国内外配方的化学组成、实验式,用原料来满足。

(2)利用测温锥标准成分确定,可比拟低3~4号锥温。

(3)利用釉的组成-温度图及有效经验计算。

(4)借助三元相图和有效经验配方计算。

3.3.4　配方设计步骤

(1)根据坯体相适应情况,确定釉料种类及釉料化学组成或实验式范围,见表3-7。

表 3-7　釉料配方

釉配方号	化学组成/(%)					
试样	SiO_2	Al_2O_3	CaO	MgO	K_2O	Na_2O
1#						
2#						
3#						

以上拟定范围中,选定3~4种以上成分比例配方进行计算。

(2)用已确定采用的原料,进行各种配方初步计算,并估算是否与坯体相适应,见表3-8。

表 3-8　坯釉适用性计算

配方号	酸度系数 CA		热膨胀系数 α		成熟温度		弹性模数 E
	坯	釉	坯	釉	坯	釉	
1#							

续　表

| 配方号 | CA | | α | | 成熟温度 | | E |
	坯	釉	坯	釉	坯	釉	
2#							
3#							

(3)釉料配方及化学组成见表 3-9。

表 3-9　釉料配方及化学组成

| 配方号 | 釉料配方比/(%) | 化学组成/(%) | | | | | | | | | | 釉式 | SiO_2/Al_2O_3 |
		SiO_2	Al_2O_3	Fe_2O_3	TiO_2	CaO	MgO	K_2O	Na_2O	ZnO	IL		
1#													
2#													
3#													
...													

(4)按照拟定配方进行试验。

1)工艺性能测定见表 3-10。

表 3-10　釉料工艺性能

配方号	细度/目	常温流动度	施釉浓度及厚度	高温流动度	湿润角	熔融温度范围/℃

2)在瓷坯上施各种配方的釉料,测试瓷器性能指标,见表 3-11。

表 3-11　各种配方制备的样品的性能指标

配方号	白度	透光度	光泽度	釉面硬度	烧后抗折强度	成熟温度	热稳定性

(5)釉料配方比较,确定釉料最佳配方。

(6)将选定的最佳配方进行产品中试验扩大试验,若有问题,可进行调整。

(7)配方使瓷器性能达到稳定又符合条件,经有关技术部门鉴定后才可正式投入生产。

3.3.5　釉料配方拟定

(1)根据最佳坯料配方,确定本次釉料种类,如长石釉和钙釉等。

(2)比较现有原料,确定使用哪几种原料。①运输、储藏量、品位、价格。②各原料化学成分。③矿物组成。④主要特征及工艺性能(见表 3-5)。⑤确定釉的原料。

(3)配方设计:确定 3～4 个配方。

1)配方设计方法确定(4 种),并及本次采用何种方法。

2)步骤:

a. 根据釉料种类及坯料成分初步确定釉料化学组成或实验式范围。

b. 确定釉原料,进行初步计算。

c. 计算釉料化学组成并估算釉的膨胀系数、酸值系数、成熟温度等,并与坯体比较是否相适应。

3.3.6　釉料配方试验

按照拟定配方进行试验。

(1)将原料、球石、水按一定比例加入球磨桶(罐)中进行粉碎。

(2)粉碎时间以拟定的细度指标或过的筛目来控制。

(3)将打好的釉浆进行除铁、过筛(250 目)处理,进行各工艺指标测定:常温流动度、高温流动度、湿润度、熔融温度范围、施釉水分、细度和相对密度等。

(4)将试条和六角形坯体修整、补水、上釉烧成。

(5)测定试片烧后白度、光泽度、釉面硬度和抗折强度。

(6)抽样测定产品质量指标:内在质量,如白度、光泽度、釉面硬度、透明度和吸水率等;外在质量和规格尺寸等。

3.3.7　评价最佳配方

比较、确定、评价最佳配方,再扩大试验,如有不当,再调整。确定釉料工艺要求。

3.3.8　确定整个坯釉工艺

根据上述实验步骤,确定出整个坯釉的最佳制备工艺。

3.4　配方设计与实验报告(论文)撰写提纲

(1)前言。

(2)概述。①瓷质种类和品种。②产品质量指标。

(3)釉料配方。①设计原则。②选定釉的种类。③确定采用釉的原料,用各种表格表示(化学成分、矿物组成、工艺性能等)。④设计方法。⑤配方设计步骤:见表 3-7～表 3-9。⑥配方试验结果。⑦确定最佳釉料配方。

(4)工艺确定(流程、加工要求,并指出改进方向)。

(5)总结收获及不足。

(6)参考资料。

第4章 陶瓷材料工艺性能测试

4.1 黏土或坯料的可塑性测定

4.1.1 实验目的

(1)掌握黏土或坯料的可塑性测定原理。

(2)了解黏土或坯料的可塑性与成型工艺的关系。

(3)掌握黏土或坯料的可塑性的几种测定方法。

4.1.2 实验原理

黏土或配合料与适量的水混练以后形成泥团,这种泥团在一定外力的作用下产生形变但不开裂,当外力去掉以后,仍能保持其形状不变,黏土的这种性质称为可塑性。可塑性是黏土的主要工业技术指标,是黏土能够制成各种陶瓷制品的成型基础。

由于黏土达到可塑状态时包含有固体和液体两种形态,是属于由固体分散相和液体分散介质所组成的多相系统,因此黏土可塑性的大小主要决定于固相与液相的性质和数量。可塑性与调和水量和颗粒周围形成的水膜厚度有一定关系。一定厚度的水膜,会使颗粒相互联系,形成连续结构,加大附着力。水膜还能降低颗粒间的内摩擦力,使质点能沿着表面相互滑动,从而产生可塑性而易于塑造各种形状,但加入水量过多则会产生流动而失去可塑性;加入水量过少则连续水膜破裂,内摩擦力增加,质点难以滑动,甚至不能滑动而失去可塑性。干燥的黏土是没有可塑性的,砂子加水调和也是没有可塑性的。由此可见,液体和黏土矿物结构是黏土具有可塑性的必要条件,而适量液体(水)则是另一个重要条件和充足条件。

图4-1是不同状态下黏土-水系统示意图,可以看出黏土随着含水量的变化分为固态、塑态和流态。①固态:含水量相对较少,粒间主要为强结合水连接,连接牢固,土质坚硬,力学强度高,不能揉塑变形,形状大小固定。②塑态:含水量较固态为大,粒间主要为弱结合水连接,在外力作用下容易产生变形,可揉塑成任意形状不破裂、无裂纹,去掉外力后不能恢复原状。③流态:含水量继续增加,粒间主要为液态水占据,连接极微弱,几乎丧失抵抗外力的能力,强度极低,不能维持一定的形状,土体呈泥浆状,受重力作用即可流动。黏土从某种稠度状态转变为另一种状态时的界限含水量称为稠度界限,又称为 Atterberg 界限。

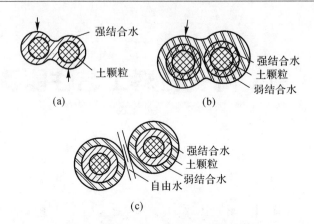

图 4-1 不同状态下黏土-水系统示意图

工程上常用的有液性界限 W_1 和塑性界限 W_p，如图 4-2 所示。

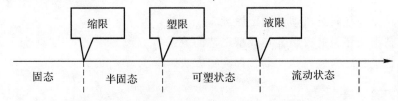

图 4-2 黏土或陶瓷泥料界限含水量示意图

液性界限，相当于土从塑性状态转变为液性状态时的含水量，简称液限 W_L。粉土的液限在 $32\%\sim38\%$ 之间，粉质黏土为 $38\%\sim46\%$，黏土为 $40\%\sim50\%$。塑性界限，相当于土从半固体状态转变为塑性状态时的含水量，简称塑限 W_p，常见值为 $17\%\sim28\%$。

测定可塑性一般有直接法和间接法。前者是以塑性泥料在压力、张力、剪力、扭力作用下的变形程度来表示的(例如，可塑性指数法是测定塑性泥料对形态变化的抵抗力；可塑性指标法则测定塑性泥料的是应力-应变关系)，后者是把饱水率、风干收缩率、黏度、吸湿水分与可塑性联系起来(例如饱水率在正常工作稠度下高岭土内的含水量越高则可塑性越好。黏土圆锥体在达到破裂时的浸透时间越长则可塑性越好；黏土悬浮液从恩氏黏度计中流出的速度 (cm^3/s) 越小则可塑性越好，风干收缩率越大则可塑性越好，吸湿水分$(\%)$越大则可塑性越好)。由此可见，黏土或坯料的可塑性是多种性质的综合表现。要想用一个测定值把这许多性质全部表达出来，到目前为止还没有找到更完善的测定方法，只是在测定个别性能后，近似地对可塑性加以推断和定量。例如，可塑性指数法和可塑性指标法只是从某一个方面说明可塑性，而实际上是有局限性的。

可塑性指数值为液限与塑限之差，液限就是使泥料具有可塑性时的最高含水量，塑限则是泥料具有可塑性时的最低含水量。可塑性指标是用一定大小的泥球在受压力到出现裂纹时所产生的变形大小与变形力的乘积，用以表示黏土或坯料的可塑性。圆柱体压缩法是用一种近似恒定的速率从轴线方向压缩圆柱形试样，同时能指示各压缩阶段的压缩应力，从而求出压缩应力与压缩应变关系的一种方法。张力、剪力比塑性测定法是使泥段通过挤压锥形口表示剪力和通过拉伸表示张力，再用张力和剪力的比值来表示可塑性的一种测定方法。

生产实践证明，黏土颗粒的分散度和非黏土矿物杂质(如石英、云母和长石等)的含量、黏土矿物的组成型式(如高岭石、微晶高岭石和水云母质黏土等)、可溶性杂质的存在等是影响天然黏土可塑性的主要因素。从影响黏土可塑性的因素可知增塑或减塑的措施,黏土可塑性的大小是确定半成品加工方法和生产流程长短的依据。从黏土的可塑性还可判断同一矿区所产黏土的质量是否稳定。

根据可塑性指数和指标的数值,可将可塑性分为三级,见表 4-1。

表 4-1　可塑性分级

分　　级	可塑性指数	可塑性指标
高可塑性	>15	>3.6
中可塑性	7～15	2.4～3.6
低可塑性	1～7	<2.4

4.1.3　仪器设备

捷亚禅斯基可塑性测定仪及印制泥球试样的双合模、弹丸;天平,感量 0.01 g;调泥皿、调泥刀;小瓷皿、干燥器、烘箱(105～110℃,恒温);毛玻璃板;圆柱体压缩式塑性仪(包括印制圆柱体试样的金属模);张力、剪力比塑性仪(包括测张力和剪力的压力表、挤压棒等)。华氏平衡锥(包括流变性限度仪全套附件)。

上述测定可塑性的 3 种仪器的示意图如图 4-3～图 4-5 所示。

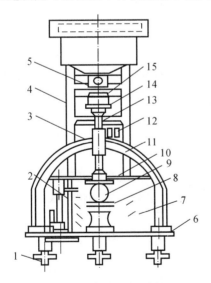

图 4-3　可塑性指标测定仪示意图
1—水平调节螺钉;2—游块;3—电磁铁;4—支架;
5—滑板架;6—机座;7—镜子;8—座板;9—泥团;
10—下压板;11—框架;12—指紧螺钉;13—中心轴;
14—上压板;15—盛砂杯

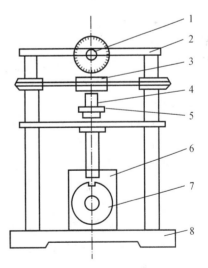

图 4-4　圆柱体压缩式塑性仪示意图
1—千分表;2—上横梁;3—上压盘;4—样品;
5—下压盘;6—保护盒(内装小型电动机、齿轮、凸轮);7—压缩刻度盘;8—底座

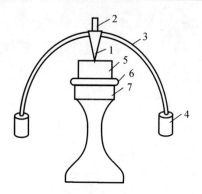

图 4-5 华氏平衡锥(流限仪)示意图

1—圆锥体(呈 30°尖)；2—螺丝；3—半圆形钢丝；4—金属圆柱；

5—土样杯；6—玻璃板；7—木质台

4.1.4 实验步骤

1. 可塑性指标法

(1)将 500 g 通过 0.5 mm 孔径筛的黏土(也可直接取用生产上使用的坯料),加入适量水充分调和捏练使其成为具有正常工作稠度的致密泥团(这种泥团极易塑造成型而又不黏手)。将泥团铺于玻璃板上,压延成厚约 30 mm 的泥饼,用直径 45 mm 的铁环切取 5 块,保存于恒温器中备用。

(2)将泥块用手搓成圆球,球面要求光滑无裂纹,球的直径为(45±1) mm。为了使手掌不至在搓泥时消耗泥料水分和沾污泥球表面,搓泥球前先用湿毛巾擦手或戴上薄膜塑料手套。最好用双合金属模印制泥球,这样单重和尺寸一致。

(3)按先后顺序把圆球放在可塑性指标测定仪座板的中心,右手旋开框架上指紧螺钉,让中心轴慢慢放下,至下压板刚接触泥球为止,从中心轴标尺上读取泥球直径数。

(4)把盛砂杯放在中心轴压板上,用左手握住压杆,右手旋开制动螺丝,让中心轴慢慢下降,直至不再下降为止。

(5)打开盛铅丸漏斗开关(滑板架),让铅丸匀速落入盛铅丸容器中,逐渐加压到泥球,这时要注意观察泥球的变形情况,可以从正面和镜中观察。随着铅丸质量的不断增加,泥球逐渐变形至一定程度后将出现裂纹,当一发现裂纹时,立即按动按钮开关,利用电磁铁迅速关闭盛铅丸料斗开关,锁紧指紧螺钉,读取泥球的高度数值,称取铅丸质量(加上压杆、盛铅丸容器等质量为 800 g)。

(6)将试样取下置于预先称量恒重并编好号的称量瓶中,迅速称重,然后放入烘箱中,在105~110℃下烘干至恒重,在干燥器中冷却后称重。

2. 可塑性指数法

(1)将 200 g 通过 0.5 mm 孔径筛的天然黏土(也可直接取用生产用坯料)在调泥皿内逐渐加水调成较正常工作稠度稀一些的均匀泥料,不同黏土加水量一般在 30%~70%,陈腐24 h 备用。若直接取自真空练泥机的坯料,可不陈腐。

(2)试验前,将制备好的泥料再仔细拌匀,用刮刀分层将其装入试样杯中,每装一层轻轻敲击一次,以除去泥料中气泡,最后用刮刀刮去多余的泥料,使泥料与试样杯平,置于试样杯底座上。

（3）取出华氏平衡锥，用布擦净锥尖，并涂以少量凡士林，借电磁铁装置将平衡锥吸住，使锥尖刚与泥料面接触，切断电磁装置电源，平衡锥垂直下沉［也可用手拿住平衡锥手柄轻轻地放在泥料面上，让其自由下沉（用手防止歪斜）］，待 15 s 后读数。每个试样应检验 5 次（其中一次在中心，其余 4 次在离试样中心不小于 5 mm 的四周），每次检验落入的深度应一致。

（4）若锥体下沉的深度均为 10 mm 时，即表示达到了液限，则可测定其含水率。若下沉的深度小于 10 mm，则表示含水率低于液限，应将试样取出置于调泥皿中，加入少量水重新拌和（或用湿布捏练），重新进行试验。若下沉大于 10 mm，则将试样取出置于调泥皿中，用刮刀多加搅拌（或用干布捏练），待水分合适后再进行测定。

（5）取测定水分的试样前，先刮去表面一层（2～3 mm），再用刮刀挖取 15 g 左右的试样，置于预先称量恒重并编好号的称量瓶中，称重后于 105～110 ℃下烘至恒重，在干燥器中冷却至室温称重（准确至 0.01 g），每个试样应平行测定 5 个数据。

上述步骤是液限测定法，塑限测定法步骤如下。

（1）称 100 g 通过 0.5 mm 孔径筛的黏土或生产用坯泥，加入略低于正常工作稠度的水量拌和均匀，陈腐 24 h 备用（或直接取用经真空练泥机的坯泥和塑性指标法测定剩余软泥）。取小块泥料在毛玻璃板上，用手掌轻轻地滚搓成直径 3 mm 的泥条，若泥条没有断裂现象，可用手将泥条搓成一团反复揉捏，以减少含水量，然后再以上法滚搓，直至泥条搓成直径为 3 mm 左右而自然断裂成长度为 10 mm 左右时则表示达到塑限水分。

（2）迅速将 5～10 g 搓断泥条装入预先称量恒重的称量瓶中，放入烘箱内于 105～110 ℃下烘干至恒重，冷却至室温后再称重（准确至 0.01 g）。

（3）为了检查滚搓至直径 3 mm 断裂成长度为 10 mm 左右的泥条是否达到塑性限度，可将断裂的泥条进行捏练，此时应不能再捏成泥团，而是呈松散状。

3. 圆柱体压缩法

（1）用双合黄铜模制造圆柱体试样。黄铜模内径 2.8 cm，高 3.82 cm，其一端呈喇叭形。双合黄铜模是用两个紧固螺丝拧紧的。试样成型前先在模型内面薄薄地涂一层润滑油，把直径 3.75 cm、长 6.25 cm 的泥条从模型的喇叭口一端挤入，直至模型的另一端露出 0.3 cm 泥段为止。用绷紧的金属丝切掉多余的泥段，把切平的一面朝下放在一块平板上，轻轻地挤压另一端的泥段使之完全充满模型，然后用金属丝切去多余的泥料，拧下紧固螺丝，先取下模型的一半，再把试样从另一半模型中取出。取出试样时应仔细从端面推出，勿使原来的高度发生改变，也要防止其他方向的变形。

（2）轻轻地拿住试样的中部，放在预先涂过润滑油的塑性仪的下压盘中心。

（3）接通电源，开动电动机，使下压盘上升到圆柱体试样顶端接触到上压盘时，记下千分表读数。

（4）下压盘继续上升，在试样压缩值为 10%，20%，30%，40%，50%，60% 时再分别读取千分表读数，然后切断电源。

（5）本试验至少需要做次平行测定，而且要求测定每块试样的含水量。含水量测定方法与前面两种可塑性测定方法相同。

4. 张力、剪力比法

（1）放试样。将待测泥料分成 3 块（平行测定），每块 300 g 左右，搓成直径 25～30 mm 的细条,折去两端头,称取 180 g 放入大试验筒内,并用木棒挤压至规定位置。为防止抽木棒时把泥条带出,可用钢丝在筒的另一端插入泥料内(使通气),待抽出铜丝后再抽出木棒。

(2)测剪切力。将已放入试样的大试验筒安装好并上紧螺丝,把三通阀打向右侧(通剪切应力表)指零位挡,启动开关(送电)打进一挡,这时泥料试样受力向左推进,同时剪力表上升,当出泥嘴开始出泥,打零位挡并记录剪力表值。这时要仔细观察,压力表的指针波动很大不出泥时压力上升,出泥后压力下降。

(3)测张力。测过剪力后清除大试验筒嘴端的余泥,并把小试验筒安装好并插上锁片,打进一挡,使泥料试样继续受压进入小试验筒内,当泥料进入小试验筒的 1/2 长度时,打退一挡,这时剪力表压力下降,可将锁片取下(因锁片受压不退则取出困难)再打进一挡使泥料试样继续向左压。当泥料把小试验筒推离大试验筒泥嘴约 5 mm 时立即打零位挡,再用挂钩把小试验筒钩上并紧固螺丝,打退一挡,剪力表下降为零时将三通阀打向左(通张力表),如剪力表值高时打三通阀向张力表时则张力表迅速上升泥料试样可能断裂。

打进一挡,这时小试验筒带动细泥条(直径 11 mm)受向左的张力,由张力表指示力的大小,当张力超过泥条的张力时则泥条断裂,张力表停止上升随即打零挡并记录张力值。

(4)清除试样及水分测定。打退一挡或二挡到仪器的零位时自行停机打零挡,取下大试验筒及泥嘴,用木棒推出泥料试样,再用湿布清除大小试验筒泥屑并用干布擦干净待用。以此泥料试样测定含水率。

4.1.5　记录与计算

1. 可塑性指标法

(1)数据记录见表 4-2。

表 4-2　数据记录

试样名称			测定人		测定日期	
试样处理						

编号	试样直径 D/cm	变形后高度 H/cm	应变 $D-H$/cm	破坏负荷 F/kgf	可塑性指标 $S=(D-H)\cdot F$ /(cm·kgf)	称量瓶编号	称量瓶质量 m_0	称量瓶加湿样质量 m_1	称量瓶加干样质量 m_2	干基含水率 /(%)	湿基含水率 /(%)	备注

注:1 kgf = 9.8 N。

(2)计算公式：

$$S = (D - H) \cdot F \tag{4-1}$$

式中　S ——可塑性指标，cm · kgf；

　　　D ——试样直径，cm；

　　　H ——试样变形出现裂纹后高度，cm；

　　　F ——破坏负荷(包括压杆质量)，kgf。

$$W_{干} = \frac{m_1 - m_2}{m_2 - m_0} \times 100\% \tag{4-2}$$

$$W_{湿} = \frac{m_1 - m_2}{m_1 - m_0} \times 100\% \tag{4-3}$$

式中　$W_{干}$ ——干基含水率，%；

　　　$W_{湿}$ ——湿基含水率，%；

　　　m_0 ——称量瓶质量，g；

　　　m_1 ——称量瓶加湿样质量，g；

　　　m_2 ——称量瓶加干样质量，g。

全面表征可塑性指标的数据，应包括指标、应力、应变和相应含水率，数据应精确到小数点后 1 位。

每个试验需平行测定 5 个试样，用于计算可塑性指标的数据，其误差不应大于 ±0.5。

高可塑性黏土的可塑性指标大于 3.6，中可塑性黏土的可塑性指标为 2.4～3.6，低可塑性黏土的可塑性指标低于 2.4。

2. 可塑性指数法

(1)数据记录见表 4-3。

表 4-3　数据记录

试样名称		测定人			测定日期	
试样处理						
编号	称量瓶编号	称量瓶质量 m_0/g	称量瓶加湿试样质量 m_1/g	称量瓶加干试样质量 m_2/g	液限含水率/(%)	塑性含水率/(%)

(2)计算公式：

$$W_{液} = \frac{m_1 - m_2}{m_2 - m_0} \times 100\% \tag{4-4}$$

$$W_{塑} = \frac{m_1 - m_2}{m_1 - m_0} \times 100\% \tag{4-5}$$

式中　$W_{液}$ ——液限含水率，%；

　　　$W_{塑}$ ——塑限含水率，%；

　　　m_0 ——称量瓶质量，g；

　　　m_1 ——称量瓶加湿样质量，g；

m_2——称量瓶加干样质量,g。

湿试样质量分别指液限试样和塑限试样的质量,即华氏平衡锥下沉 10 mm 符合液限测定要求的湿试样和泥条搓成直径为 3 mm 左右而自然断裂成长度为 10 mm 左右时的湿试样质量。

代表液限和塑限含水率的数据应精确到小数点后 1 位;平行测定的 5 个试样平均值,其误差液限不大于 $\pm 0.5\%$,塑限不大于 $\pm 1\%$,其中 3 个以上超过上述误差范围(液限)时应重新测定,两个以上超过上述范围(塑限)时应重新进行测定,有

$$P = W_{液} - W_{塑} \tag{4-6}$$

式中　P ——可塑性指数。

一般低可塑性泥料的可塑性指数为 $1\sim 7$;中可塑性泥料的可塑性指数为 $7\sim 15$;高可塑性泥料的可塑性指数大于 15。

3. 圆柱体压缩法

(1)数据记录见表 4-4。

表 4-4　数据记录

试样名称						测定人		测定日期	
试样处理									
编号	试样初始直径 d/cm	试样初始高度 h_0/cm	试样压缩后高度 h/cm	试样初始面积 A_0/cm²	试样压缩后面积 A/cm²	试样压缩应变量 ε/(%)	平均压缩应力 σ/(kgf·cm⁻²)	钢梁因数 B	千分表读数 R

注:1 kgf/cm² $= 9.8 \times 10^4$ Pa。

(2)计算:

$$\varepsilon = \frac{h_0 - h}{h_0} \times 100\% \tag{4-7}$$

式中　ε ——试样高度的相对减小量,即压缩应变量或压缩率,%;

　　h_0 ——试样的开始高度,cm;

　　h ——在任何试验阶段的试样高度,cm。

$$A = \frac{h_0 A_0}{h} = \frac{A_0}{1-\varepsilon} \tag{4-8}$$

$$A_0 = \frac{\pi d^2}{4} \tag{4-9}$$

式中　A ——试样在任何压缩阶段的有效横截面积,cm²;

　　A_0 ——试样初始横截面积,cm²;

　　d ——试样初始直径,cm。

$$\sigma = \frac{B \cdot R}{A} = \frac{B \cdot R(1-\varepsilon)}{A_0} \tag{4-10}$$

式中　σ——平均压缩应力，kgf/cm^2；

　　　$B \cdot R$——任何阶段的压缩力，kg；

　　　B——钢梁因数（千分表平均读数时的钢梁因数为 0.454 kg/0.000 254 cm）；

　　　R——千分表平均读数（0.000 254 cm）。

可塑性指数 P 定义为

$$P = 1.8 \times \frac{R_{10}}{R_{50}} = 1.8 \times \frac{\text{压缩率为 10\% 时的千分表读数}}{\text{压缩率为 50\% 时的千分表读数}}$$

式中，系数 1.8 是试样在 10% 和 50% 压缩点的有效面积的比值。ε 与 σ 的关系见表 4-5。

表 4-5　压缩应变量与平均压缩应力的关系

压缩应变量 ε /(%)	平均压缩应力 σ /(kg·cm^{-2})	ε 与 σ 的关系
10	0.947 BR	$\sigma = \dfrac{1-\varepsilon}{A_0} BR = \dfrac{1-0.1}{0.95} BR = 0.066 BR_{10}$
20	0.842 BR	$\sigma = \dfrac{1-\varepsilon}{A_0} BR = \dfrac{1-0.2}{0.95} BR = 0.059 BR_{20}$
30	0.737 BR	$\sigma = \dfrac{1-\varepsilon}{A_0} BR = \dfrac{1-0.3}{0.95} BR = 0.052 BR_{30}$
40	0.631 BR	$\sigma = \dfrac{1-\varepsilon}{A_0} BR = \dfrac{1-0.4}{0.95} BR = 0.044 BR_{40}$
50	0.526 BR	$\sigma = \dfrac{1-\varepsilon}{A_0} BR = \dfrac{1-0.5}{0.95} BR = 0.036 BR_{50}$
60	0.421 BR	$\sigma = \dfrac{1-\varepsilon}{A_0} BR = \dfrac{1-0.6}{0.95} BR = 0.029 BR_{60}$

(3)试样压缩参数见表 4-6。

表 4-6　试样压缩参数

压缩应变量 /(%)	试样对应高度 /cm	千分表平均读数 (0.000 254 cm)	校正后的间距 /cm
0	3.81	0	3.81
10	3.429	76.2	3.42
20	3.048	127	3.035
30	2.667	177	2.649
40	2.286	228	2.263
50	1.905	304	1.874
60	1.524	381	1.485

(4)刚性指数定义。压缩应变量(压缩率)为50%时的平均压缩力,即

刚性指数＝$0.036BR_{50}＝0.036\times0.182\times0.012＝7.86\times10^{-5}$

式中,$0.036BR＝6.55\times10^{-3}$为本仪器的刚性系数。

刚性指数＝刚性系数×压缩率为50%时的千分表读数

(5)传感钢梁的校正。测定钢梁因数 B 的简单方法是把本塑性仪倒挂起来(吊住仪器的底座),在传感钢梁的中点悬挂一系列砝码,并记录千分表上对应的一系列读数。荷重对千分表读数 0.000 254 cm 关系图上的斜率即等于钢梁因数 B。所用负荷不应超过 111 N(251 b)。

(6)下刻度盘的校正。下刻度盘的刻度同试样的一系列不同压缩百分率值相对应,但如上所述,这需要把刻度盘的校正值考虑在内,以修正传感钢梁的弯曲对应变值的影响。

表4-6中列出了对应于各压缩阶段的试样真实高度以及正常生产的陶瓷坯泥在每个压缩阶段的千分表平均读数。如上压盘不动,真实高度与千分表读数的差值(称为校正间距)便对应于下压盘的真实行程,并等于两压盘之间的间距。因此,下刻度盘是在将两压盘间距(借助滑规)定为表4-6中最末一行的数值,并在千分表读数为零时来划分刻度的。另一个相应的方法是把两压盘的间距定为表4-6中第2行给出的真实值,并在千分表记录第3行中的数值的情况下来划分刻度的。

钢梁的弯曲变形量不得超过它的弹性限度,千分表读数(钢梁弯曲)不应超过 0.076 2 cm。

4. 张力剪力比法

(1)数据记录见表4-7。

表4-7 数据记录

试样名称		测定人		测定日期	
试样处理					
编号	试样含水率/(%)	剪力/N	张力/N	比值(张力/剪力)	备注

(2)计算。以张力除以剪力的比值为塑性指数,一般为0.1左右。应取3个平行试验的平均值表示该试样的塑性指数。一般可塑性随着剪力的增大而降低,随着张力的增大而提高。

(3)作图。以比值(张力/剪力)为纵坐标,以含水率为横坐标可绘出一种泥料试样不同含水率的比值曲线图,从而对泥料的最佳含水率范围进行优选。也可以剪力为横坐标,张力为纵坐标作图。

4.1.6 注意事项

(1)试样加水调和应均匀一致,含水量必须是正常操作水分,搓球前必须经过充分捏练。

(2)搓球必须用润滑的掌心,每个球的搓球时间大致一样,球表面必须光滑、滚圆无疵,球径须控制在(45±1) mm 范围内。

(3)试验操作必须正确,掌握开裂标准应一致。

(4)如需详细研究可塑性指标与含水率的关系时,可做不同含水率的可塑性指标测定,并绘制可塑性指标-含水率曲线图。

（5）滚搓泥条时只能用手掌不能用手指，应是自然断裂，而不是扭断。

（6）泥料水分过高或过低，不得采用烘干、加入干粉、加水的办法调整水分，只能采用空气中捏练风干的办法或重新调制。

（7）泥料装入试样杯内应保证致密无气孔，平衡锥应保证干净、光滑（锥体涂薄层凡士林），下沉时应保证垂直、轻缓、不受冲击和自由落下。

（8）圆柱体压缩法，钢梁的变形量不应超过它的弹性限度。

（9）平均压缩应力可由该压缩力除以试样的有效面积获得，但试样有效面积是随着压缩的继续进行而增加，因此这里假定试样的体积自始至终保持不变，只有这样才能建立横截面积与高度的关系式。

（10）张力、剪力比法测定可塑性宜用含水率较高的软泥，硬泥很难挤出。如果试验圆筒内有过多的泥料，而且通过出泥嘴挤出很困难则可松开凸边螺母把出泥嘴拆下来排除部分泥料，然后安装出泥嘴再进行试验。

（11）以剪力为横坐标，张力为纵坐标作图时，坐标纸的纵坐标要比横坐标扩大 5～10 倍，因剪力比张力大 10 倍左右。

4.1.7　思考题

1. 什么是可塑性？
2. 测定黏土可塑性有哪几种方法？在生产中有何指导作用？
3. 影响黏土可塑性的主要因素有哪些？
4. 可塑性对生产配方的选择，可塑泥料的制备、坯体的成型、干燥、烧成有何重要意义？
5. 测定黏土可塑性指标和可塑性指数的原理是什么？
6. 不同黏土或坯料的可塑性指数和可塑性指标是可比的吗？为什么？
7. 圆柱体压缩法中，有 $Ah = A_0 h_0$，此等式为什么能成立？

4.2　黏土的结合力测定

4.2.1　实验目的

（1）了解黏土结合力与成型性能的关系，如成型操作时坯泥屈服值、破裂点的高低、可塑性的强弱等。

（2）了解黏土结合力与生坯强度的关系，如生坯抗折强度、半成品破损率等。

（3）掌握测定黏土结合力的方法。

4.2.2　实验原理

黏土的结合性是指黏土能黏结一定细度的瘠性物料，形成可塑泥团并有一定干燥强度的性能。黏土的这一性质能保证坯体有一定的干燥强度，是坯体干燥、修理、上釉等能够进行的基础，也是配料调节泥料性质的重要因素。黏土结合力的大小对能否制造某种形状大小、厚薄的制品的可能性关系极大。

黏土的结合性主要表现为其能粘结其他瘠性物料的结合力的大小,黏土的这种结合力在很大程度上由黏土矿物的结构决定的。一般说来具有可塑性强的黏土结合力大,但也有例外,黏土的结合力与可塑性是两个概念,是两个不完全相同的工艺性质。

在测定黏土的结合力时,在工程上要直接测定分离粘上质点所需的力是困难的,生产上常用测定由黏土制作的生坯的抗折强度来间接测定黏土的结合力。

为了得到某种黏土能够结合其他瘠性物质的量,常往黏土内添加不同比例的标准石英砂,以能形成可塑性泥团时所加入的最大砂量来表示黏土的结合力。

黏土的结合力试验就是要得到黏土加砂量与成型能力的关系、黏土加砂量与抗折强度的关系。

所加入石英砂的粒径标准规定为:$\Phi 0.15 \sim 0.25$ mm,70%;$\Phi 0.09 \sim 0.15$ mm,30%。

加砂量达50%时仍能形成塑性泥团为结合力强的黏土;加砂量达25%~50%时还能形成塑性泥团为结合力中等的黏土;加砂量20%以下时才能形成塑性泥团为结合力弱的黏土。

4.2.3　仪器设备

试样(150 mm×25 mm×25 mm)成型模、研棒、试块模、喷雾器、抗折强度试验机、游标卡尺、普通天平、可塑性指数测定仪(华氏平衡锥)、烘箱、干燥器。

4.2.4　实验步骤

(1) 称取按规定取样制备的黏土试样约 2 kg,烘干备用。

(2) 标准砂一般采用石英砂,可按下列方法进行准备:过 576 孔/cm²(孔眼 0.25 mm)的石英砂 70%;过 1 600 孔/cm²(孔眼 0.15 mm)的石英砂 30%。

(3) 黏土与石英砂一般按下列比例混合:黏土∶标准砂=100∶0、80∶20、60∶40、40∶60、20∶80。

(4) 将掺有标准砂的黏土稍加混拌后倒入盛有一定比例的水的铝桶中搅拌均匀成溶胶状泥浆。

(5) 将泥浆注入石膏模中脱水,并自然干燥成可进行成型操作的泥料。

(6) 用抗折试条模将泥料压制成试条(150 mm×25 mm×25 mm),同时将上述泥料放在玻璃板上或水泥台上用瓷质辗棒压辗成厚度为 8 mm 的泥饼,再用金属切模切成试样块(50 mm×50 mm×8 mm)。

(7) 在压制抗折试条和压辗泥饼时应注意观察泥料的成型能力,如试条试块成型之难易、表面和切口断面是否平滑,对其成型性能作出判断和估计,并以容易成型(Ⅳ)、尚可成型(Ⅲ)、不易成型(Ⅱ)和不能成型(Ⅰ)表示之。

(8) 制备好的试条、试块放在垫有废纸的木板上,待其自然干燥(在干燥过程中,须将试条、试块翻转),然后在烘箱内于 105~110 ℃下完全干燥恒重。

(9) 测定黏土与标准砂 5 种比例试样的液限和塑限,以求出其可塑性指数。在此情况下黏土的结合性可以加入瘠化剂后其可塑性指数不小于 7 时最大的标准砂加入量比例表示之。

(10) 将上述压模压制并干燥好的抗折试条进行抗折强度试验,须仔细检查抗折样品无裂纹、扭曲、弯曲等缺陷,方可进行机械强度试验。

4.2.5　记录与计算

1. 记录

黏土结合力测定记录见表 4 – 8。

表 4 – 8　黏土结合力测定记录

试样名称			测定人			测定日期	
试样处理							
配合比例		试样号	试样尺寸/cm			破坏时负荷 /kgf	抗折强度 /(kgf·cm⁻²)
黏土	标准砂		长	宽	高		

（表续：可塑性指数、成型性能两列）

配合比例		试样号	试样尺寸/cm			破坏时负荷/kgf	抗折强度/(kgf·cm⁻²)	可塑性指数	成型性能
黏土	标准砂		长	宽	高				

2. 计算公式

$$P_m = \frac{3FLK}{2b\delta^2}\text{（方形试样）} \qquad (4-11)$$

$$P_r = \frac{3FLK}{2D^3}\text{（圆形试样）} \qquad (4-12)$$

式中　P_m, P_r——抗折强度，kgf/cm^2；

　　　F——试条折断时所示的质量，kgf；

　　　L——支架间的距离，cm；

　　　b——试样断口的宽度，cm；

　　　δ——试样断口的厚度，cm；

　　　D——试样直径，cm；

　　　K——试验机杠杆臂比。

可塑性指数计算公式和计算方法参照本书 4.1 节。

4.2.6　注意事项

（1）要严格控制瘠化物质的颗粒大小。

（2）试料必须混和均匀，在用手工成型试条时所施压力应逐点均匀，以保证试条干燥后的致密性和力学上的均一性。

（3）用作抗折强度测定的试样，必须经过 105～110 ℃干燥处理，切不可用阴干的试样，试条应无裂纹等缺陷。

（4）试条烘干后，从烘箱中取出时，必须接着放入干燥器中。测定抗折强度时，应从干燥器中取出一根测定一根，以防吸潮。

（5）须用游标卡尺仔细测量抗折强度试样断口的宽度和厚度，并作记录。

（6）抗折强度测定时，试条的折断位置应在正中，否则不能用于计算。

4.2.7　思考题

1. 影响黏土和塑性坯料结合性的因素是什么？

2. 生坯干燥强度与黏土结合性的关系？

3. 黏土的结合性在成型、干燥工艺上的重要性。

4. 瘠性物质的种类及其颗粒形状大小对试样的成型、干燥后的机械强度有何影响？

5. 如何提高黏土和塑性坯料的结合性？

6. 从理论上分析黏土的可塑性与结合力的相互关系。

4.3 泥浆流动性、触变性、吸浆速度的测定

4.3.1 实验目的

(1)了解泥浆的稀释原理、如何选择稀释剂及如何确定稀释剂用量。

(2)熟悉和了解泥浆性能对陶瓷生产工艺的影响。

(3)掌握泥浆性能测试方法及控制方法，了解如何获得稳定性好、流动性好、含水量少的泥浆。

4.3.2 实验原理

浆体(泥浆)发生流动后的剪切应力与剪切速率的比值为常数时称为塑性黏度，它反映了浆体不断克服内摩擦所产生的阻碍而继续流动的一种性能。塑性黏度的倒数即为流动度。工艺上以一定体积的泥浆静置一定时间后从一定的流出孔流出的时间表征泥浆的流动度。

利用恩格勒黏度计测定相对黏度通常是用同体积的水的流出时间去除该泥浆的流出时间的商来表示。用旋转黏度计测定绝对黏度是把测得的读数值乘上旋转黏度计系数表上的特定系数的积来表示。流动度、相对黏度和绝对黏度都是用来表征泥浆流动性的。浆体在剪切速率不变的条件下，剪切应力随时间减小的性能称为触变性，陶瓷工艺学上以溶胶和凝胶的恒温可逆变化或振动之则获得流动性，静置之则重新稠化的现象表征触变性或稠化性。触变性以稠化度或厚化度表示，即等于泥浆在黏度计中静置 30 min 后的流出时间对静置 30 s 后的流出时间的比值。

在泥浆中固体颗粒的比表面积、泥浆浓度、泥浆温度、泥浆与石膏模间的压力差一定条件下，单位时间内单位模型面积上所沉积的坯体质量称为吸浆速度。工艺上吸浆速度以石膏坩埚法和石膏圆柱体法测定，前者以石膏坩埚内壁单位面积上单位时间内沉积的干坯质量表示吸浆速度，后者以石膏圆柱体外表面单位面积上单位时间内聚积干坯泥的质量表示吸浆速度。

泥浆是黏土悬浮于水中的分散系统，是具有一定结构特点的悬浮体和胶体系统。泥浆在流动时，存在着内摩擦力，内摩擦力的大小一般用黏度的大小来反映，黏度越大则流动度越小。

流动着的泥浆静置后，常会凝聚沉积稠化。泥浆的流动性和稠化性主要取决于坯釉料的配方组成，特别是黏土原料的矿物组成、工艺性质、粒度分布、水分含量、使用电解质种类与用量以及泥浆温度等。泥浆流动度和稠化度是否恰当将影响球磨效率、泥浆输送、储存、压滤和上釉等生产工艺，特别是注浆成型时，将影响浇注制品的质量。如何调节和控制泥浆的流动度、稠化度，对于满足生产需要，提高产品质量和生产效率均有重要意义。

调节和控制泥浆流动度、厚化度的常用方法是选择适宜的电解质和适宜的加入量。

在黏土水系统中，黏土粒子带负电，在水中能吸附正离子形成胶团。一般天然黏土粒子上

吸附着各种盐的正离子：Ca^{2+}，Mg^{2+}，Fe^{3+}，Al^{3+}，其中 Ca^{2+} 为最多。在黏土水系统中，黏土粒子还大量吸附 H^+。在未加电解质时，由于 H^+ 半径小，电荷密度大，与带负电的黏土粒子作用力也大，易进入胶团吸附层，中和黏土粒子的大部分电荷，使相邻同性电荷粒子间的排斥力减小，致使黏土粒子易于黏附凝聚，降低流动性。Ca^{2+}、Al^{3+} 等高价离子由于其电价高（与一价阳离子相比）及黏土粒子间的静电引力大，易进入胶团吸附层，同样降低泥浆流动性。如加入电解质，这种电解质的阳离子离解程度大，且所带水膜厚，而与黏土粒子间的静电引力不很大，大部分仅能进入胶团的扩散层，使扩散层加厚，电动电位增大，黏土粒子间排斥力增大，从而提高泥浆的流动性，即电解质起到稀释作用。

泥浆的最大稀释度（最低黏度）与其电动电位的最大值相适应，若加入过量的电解质，泥浆中这种电解质的阳离子浓度过高，会有较多的阳离子进入胶团的吸附层，中和黏土胶团的负电荷，从而使扩散层变薄，电动电位下降，黏土胶团不易移动，使泥浆黏度增加，流动性下降，因此电解质的加入量应有一定的范围。

用于稀释泥浆的电解质必须具备 3 个条件：

（1）具有水化能力强的一价阳离子，如 Na^+ 等。

（2）能直接离解或水解而提供足够的 OH^-，使分散系统呈碱性。

（3）能与黏土中有害离子发生交换反应，生成难溶的盐类或稳定的络合物。

生产中常用的电解质可分为以下三类：

（1）无机电解质，如水玻璃、碳酸钠、六偏磷酸钠（$NaPO_3$）$_6$、焦磷酸钠（$Na_4P_2O_7 \cdot 10H_2O$）等，这类电解质用量一般为干料质量的 $0.3\%\sim0.5\%$。

（2）能生成保护胶体的有机酸盐类，如腐植酸钠、单宁酸钠、柠檬酸钠、松香皂等，用量一般为 $0.2\%\sim0.6\%$。

（3）聚合电解质，如聚丙烯酸盐、羧甲基纤维素、阿拉伯树胶等。

稀释泥浆的电解质，可单独使用或几种混合使用，其加入量必须适当，若过少则稀释作用不完全；过多则反而引起聚凝。适当的电解质加入量与合适的电解质种类对于不同黏土，必须通过实验来确定。一般电解质加入量小于 0.5%（对于料而言）采用复合电解质时，还需注意加入的先后次序对稀释效果的影响。当采用 Na_2CO_3 与水玻璃或 Na_2CO_3 与单宁酸合用时，都应先加入 Na_2CO_3 后再加水玻璃或单宁酸。

4.3.3　仪器设备

恩格勒黏度计、NDJ-1 型旋转式黏度计、石膏坩埚和石膏圆柱棒、普通天平、分析天平、电动搅拌器、滴定管、量筒、玻棒、铁架、秒表和铜烧杯。

电解质：Na_2CO_3、水玻璃、NaOH。

恩格勒黏度计（见图 4-6）包括两个相套住的圆筒形铜制容器，在这两个铜制容器中心开有一圆锥形的流出孔，供悬浮体流出之用。流出孔径为 $5\sim7$ mm（指用于测定泥浆的相对黏度），此孔可用木棒塞住。在容器内壁距底等高的位置上装有 3 个尖形标志，被试验的悬浮体充满至该标志为止。黏度计的内层容器用一带有两个小孔的盖子盖住，木棒穿过中心的小孔而将黏度计底上的流出孔塞住，旁边的小孔供插温度计用。

改变泥浆温度对它的黏度影响很大，因此在比较两种泥浆的黏度时，必须严格在一定温度下进行测定。外层容器作为恒温器，用来加热泥浆到规定温度。外层容器中的温度用装在特别夹持器中的温度计来测量。为了加热外层容器中的液体,用一个环形煤气灯进行加热,此煤气灯装在搁置黏度计的三脚架的一只脚上。

旋转式黏度计如图4-7所示。同步电机以稳定的速度旋转,连接刻度圆盘,再通过游丝和转轴带动转子旋转。如果转子未受到泥浆的阻力,则游丝、指针与刻度圆盘同速旋转,指针在刻度盘上指出的读数为"0"。反之,如果转子受到泥浆的阻力,则游丝产生扭矩,与黏滞阻力抗衡最后达到平衡,这时与游丝连接的指针,在刻度圆盘上指示一定的读数(即游丝的扭转角)。将读数乘上特定的系数(系数值表附在黏度计表盘上),即得到泥浆的黏度(c_P)。

按仪器不同规格附有1～4号4种转子或0～4号5种转子,可根据被测泥浆黏度的高低随同转速配合使用。转速也分四挡,可根据测定需要选择。

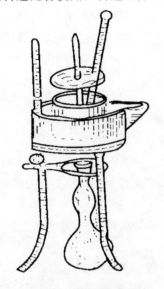

图4-6 恩格勒黏度计

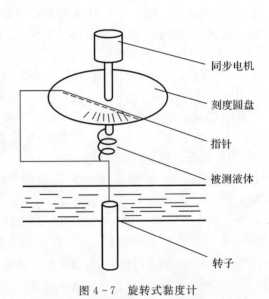

同步电机

刻度圆盘

指针

被测液体

转子

图4-7 旋转式黏度计

4.3.4 实验步骤

1. 相对黏度的测定

(1)配制电解质标准溶液。配制百分浓度为5％或10％的Na_2CO_3、$NaOH$、Na_2SiO_3 3种电解质的标准溶液。电解质应在使用时配制,尤其是水玻璃极易吸收空气中CO_2而降低稀释效果。Na_2CO_3也应保存于干燥的地方,以免在空气中变成$NaHCO_3$而成凝聚剂。

(2)黏土试样须经细磨、风干过100目筛。

(3)泥浆需水量的测定。称取200 g干黏土,用滴定管加入蒸馏水,充分搅拌至泥浆开始呈微流动为止(不同黏土的加水量波动为30％～70％),记录加水量。

(4)电解质用量初步试验。在上述泥浆中,以滴定管将配好的电解质标准溶液仔细滴入,不断搅拌和匀,记下泥浆明显稀释时电解质的加入量。

(5)取5只泥浆杯编好号,各称取试样300 g(准确至0.1 g),各加入所确定的加水量,调至呈微流动。

(6)在5只泥浆杯中加入所确定的电解质加入量,其间隔为0.5～1.0 mL(要逐渐加入)。5只泥浆杯中所加电解质量不同,但溶液体积相等。用电动搅拌机搅拌30 min。

(7)洗净并擦干黏度计,加入蒸馏水至 3 个尖形标志,调整仪器水平,将具有刻线的 100 mL 容量瓶口对准黏度计流出孔,拔起木棒,同时记录时间,测定流出 100 mL 水的时间,然后用木棒塞住流出孔,做 3 个平行试验,取平均值作为 100 mL 水流出时间。

(8)将上述 5 只泥浆杯中的泥浆用上法各作 3 个平行试验,取平均值,求得相对黏度 B(泥浆从流出孔流出,不要触及承受瓶的瓶颈壁,应成一股泥浆流下)。

(9)用上述方法测定其他电解质对泥浆试样的相对黏度 B。

2. 绝对黏度的测定

(1)配制电解质标准溶液:配制百分浓度为 5% 或 10% 的 Na_2CO_3、$NaOH$、Na_2SiO_3 3 种电解质的标准溶液。电解质应在使用时配制,尤其是水玻璃极易吸收空气中 CO_2 而降低稀释效果。Na_2CO_3 也应保存于干燥的地方,以免在空气中变成 $NaHCO_3$ 而成凝聚剂。

(2)黏土试样须经细磨、风干过 100 目筛。

(3)泥浆需水量的测定。称取 200 g 干黏土,用滴定管加入蒸馏水,充分搅拌至泥浆开始呈微流动为止(不同黏土的加水量波动为 30%~70%),记录加水量。

(4)电解质用量初步试验。在上述泥浆中,以滴定管将配好的电解质标准溶液仔细滴入,不断搅拌和匀,记下泥浆明显稀释时电解质的加入量。

(5)取 5 只泥浆杯编好号,各称取试样 300 g(准确至 0.1 g),各加入所确定的加水量,调至呈微流动。

(6)在 5 只泥浆杯中加入所确定的电解质加入量,其间隔为 0.5~1.0 mL(要逐渐加入)。5 只泥浆杯中所加电解质量不同,但溶液体积相等。用电动搅拌机搅拌 30 min。

(7)调整好仪器至水平位置,将选择好的转子装上旋转黏度计,并装上保护架,再一同插入搅拌好的泥浆杯中,直至转子液面标志与液体面相平为止。

(8)按下指针控制杆,开启电机开关,转动变速旋钮,对准速度指示点,放松指针控制杆,使转子在液体中旋转,经多次旋转(一般 20~30 s),待指针趋于稳定,按下指针控制杆(注意:不得用力过猛);转速慢时可不用控制杆而直接读数,使指针停在读数窗内,再关闭电机,然后读取读数。

(9)当指针所指数值过高或过低,可变换转子和转速,务使读数在 30~90 格之间为佳。

3. 稠化度或厚化度测定

将上述已加有一定量电解质的泥浆倒入黏度计后,测定静置 30 min 与静置 30 s 后流出 100 mL 泥浆所需时间(s)的比值。

4. 吸浆速度测定

(1)石膏坩埚法:

1)用炒制过的半水石膏粉制造石膏坩埚(高 3 cm、上面内径 4 cm、下面内径 3 cm,壁厚 8 cm),并在 70 ℃下烘干。

2)将泥浆注入已经除净灰尘并称过质量的坩埚内,静置 20~30 min 后将多余的泥浆倒出,为使多余泥浆完全流尽,可将坩埚倒置在木架上 30 min。

3)将坩埚连同附在坩埚内壁的坯体一同置于 105~110 ℃干燥至恒重。

4)用石膏坩埚法测定吸浆速度时,必须进行 5 个平行试验,计算平均值。

(2)石膏圆柱体法:

1)将固定在架子上(或仪器上)的石膏圆柱体浸没在盛有泥浆的杯内至标志处。

2)5 min 后,将石膏圆柱体连同附在上面的泥层一同取出,令多余的泥浆流下(2 min)。

3)将石膏圆柱体连同泥层一起置于表面玻璃上,借工业天平立刻称出质量,准确到 0.01 g。

4)用石膏圆柱体测定吸浆速度,必须进行 5 个平行试验,计算平均值。

测定泥浆滤过性能的方法还有利用渗透分析装置测定泥浆的渗透性的,此处从略。

4.3.5 记录与计算

1. 记录

(1)相对黏度测定记录见表 4-9

表 4-9 相对黏度测定记录

试样名称			测定人			测定日期	
试样处理							
编号	试样细度 $/\mu m$	电解质标准溶液浓度 $/(\%)$	泥浆需水量 $/(\%)$	电解质标准溶液用量 $/mL$	100 mL 水流出时间(平均值)t_1/s	100 mL 泥浆流出时间(平均值)t_2/s	相对黏度 B

(2)绝对黏度测定记录见表 4-10。

表 4-10 绝对黏度测定记录

试样名称			测定人			测定日期		
试样处理								
编号	试样细度 $/\mu m$	电解质标准溶液浓度 $/(\%)$	泥浆需水量 $/(\%)$	电解质标准溶液用量 $/mL$	转子号数	转子转速 $/(r \cdot min^{-1})$	特定系数 K	黏度剂指针读数 α	绝对黏度 η $/(Pa \cdot s)$

(3)吸浆速度测定记录见表 4-11。

表 4-11 吸浆速度测定记录

试样名称			测定人			测定日期			
试样处理									
编号	坩埚质量 m_1/g	泥浆注入后静置时间 t_1/s	坩埚内表面积 A_1/cm^2	坩埚加干坯质量 m_2/g	吸浆速度 V_1 $/[g \cdot (cm^2 \cdot s)^{-1}]$	编号	石膏柱质量 m_3/g	泥层聚集的时间 t_2/s	石膏柱与沉积于其上的泥层以及被吸收的水的质量 m_4/g	浸入泥浆内的石膏柱的表面积 A_2/cm^2	沉积速度 V_2 $/[g \cdot (cm^2 \cdot s)^{-1}]$

（4）稠化度测定记录见表 4－12。

表 4－12　稠化度测定记录

试样名称		测定人		测定日期	
试样处理					
编号	100 mL 泥浆静置 30 min 后流出时间 t_1/s		100 mL 泥浆静置 30 s 后流出时间 t_2/s		稠　化　度 τ

2. 数据处理

（1）相对黏度：

$$B = \frac{t_2}{t_1} \tag{4-13}$$

式中　t_2——100 mL 泥浆流出时间，s；

　　　t_1——100 mL 水流出时间，s；

　　　B——相对黏度。

以泥浆的相对黏度为纵坐标，电解质的不同加入量为横坐标绘制曲线图。

（2）绝对黏度：

$$\eta = \alpha \cdot K \tag{4-14}$$

式中　η——绝对黏度，Pa·s；

　　　α——黏度计指针所指读数；

　　　K——黏度计系数表上的特定系数。

以泥浆的绝对黏度为纵坐标，电解质的不同加入量为横坐标作图。

（3）稠化度

$$\tau = \frac{t_1}{t_2} \tag{4-15}$$

式中　τ——稠化度；

　　　t_1——100 mL 泥浆静置 30 min 后流出时间，s；

　　　t_2——100 mL 泥浆静置 30 s 后流出时间，s。

（4）吸浆速度：

$$V_1 = \frac{m_2 - m_1}{A_1 t_1} \tag{4-16}$$

式中　V_1——吸浆速度，g /(cm^2·s)；

　　　m_1——测试前石膏坩埚质量，g；

　　　m_2——测试后坩埚加干坯质量，g；

　　　A_1——坩埚内表面积，cm^2；

　　　t_1——泥浆注入坩埚后静置时间，s。

$$V_2 = \frac{m_4 - m_3}{A_2 t_2} \tag{4-17}$$

式中　V_2——泥层在石膏柱上沉积的速度,$g/(cm^2 \cdot s)$;

　　　　m_3——测试前石膏柱的质量,g;

　　　　m_4——石膏柱与沉积于其上的泥层以及被吸收的水的质量,g;

　　　　A_2——浸入泥浆内的石膏柱的表面积,cm^2;

　　　　t_2——泥层聚积的时间,s。

4.3.6　注意事项

(1)用电动机搅拌泥浆时,先将搅拌叶片沉入泥浆中再开动电动机,以免泥浆飞溅。多次平行试验,电动机转速和运转时间要保持一定。

(2)泥浆从流出口流出时,不要触及量瓶颈壁,否则需重做。

(3)在静置 30 min 和泥浆温度超过 30 ℃ 以上时,每做一次试验,应清洗一次黏度计流出口。

(4)测定一次黏度,应将量瓶洗净、烘干或用无水乙醇除去量瓶中剩余水分。

(5)旋转黏度计升降时应用手托住仪器,以防仪器自重坠落。

(6)在按下指针控制杆之前,不得开动电机和变换转速。

(7)每次使用完毕应及时拆下转子及保护架进行清洗(不得在仪器上进行转子清洗)。

(8)旋转黏度计不得随时搬动,要搬动和运输时应用橡皮筋将指针控制杆圈住,并套入包装套圈,托起连接螺杆,然后用螺钉拧紧。

4.3.7　思考题

1. 如何根据相对黏度-电解质加入量曲线图、绝对黏度-电解质加入量曲线图判断最适宜的电解质加入量?

2. 比较不同电解质加入量及其稀释效果。

3. 电解质稀释泥浆的机理?

4. 电解质应具备哪些条件?

5. 电解质有哪几种? 对 H -黏土而言应加入哪种电解质最适宜? 为什么?

6. 测定触变性对生产有什么指导意义?

7. 为什么不用固体 Na_2SiO_3 而用水玻璃作电解质?

8. 测定吸浆速度的实际意义是什么?

9. 评价泥浆性能应从哪几方面考虑?

10. 在生产中加入电解质的量是否加到稀释效果最好时为止? 为什么?

11. 做这个泥浆性能实验对生产有何指导意义?

4.4　真密度的测定

4.4.1　实验目的

(1)掌握测定真密度的原理。

（2）了解测定真密度的意义。

（3）掌握测定真密度的方法。

4.4.2　实验原理

陶瓷是工程材料,是由晶相、玻璃相、气孔组成的多相系统(特种陶瓷例外)。带有气孔的陶瓷体中固体材料的实际体积称为真体积。陶瓷材料的质量与其真体积之比值称为真密度。也可将在 110 ℃温度下烘干后试样的质量对于其真体积,即除去开口气孔、闭口气孔所占体积后的固体体积之比值,称为(制品与生产制品的原料)陶瓷的真密度。陶瓷的质量与包括气孔在内的体积之比值称为假密度。假密度又有两种,即以质量除以包括开口气孔、闭口气孔在内的体积,称为体积密度;以质量除以闭口气孔在内的体积(开口气孔中的气体已被排除),称为第三密度。

测定真密度,对于判断石英转变为方石英和鳞石英的程度,镁石再结晶为方镁石的程度,氧化铝的晶型转化程度,陶瓷的烧结程度以及在进行黏土或坯料的颗粒分布测定、球磨泥浆细度的快速测定等都是需要的。测定真密度的常用方法有两种,即液体静力称重法和比重瓶法。前者是基于阿基米德原理,即用试样质量除以被试样(粉状)排开的液体体积,即试样真体积。后者是求出试样从已知容量的容器中排出已知密度的液体体积。测试所用的液体必须能浸润试样,且不与试样发生任何化学反应。对于陶瓷原料如长石、石英和陶瓷制品一般可用蒸馏水作为液体介质,对于能与水起作用的材料如水泥则可用煤油或二甲苯等有机液体介质。

4.4.3　仪器设备

液体静力天平(见图 4-8)、真空装置(见图 4-9)以及分析天平(感量 0.001 g)、烘箱、干燥器、25 mL 或 50 mL 比重瓶、带溢流管的烧杯、玻璃漏斗、瓷质研钵、小牛角勺、沸水浴锅、标准筛(100 目、170 目)。

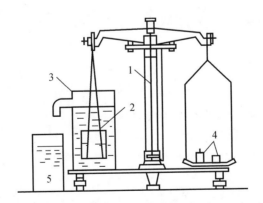

图 4-8　液体静力天平

1—天平；2—试样；3—有溢流孔的金属(玻璃)容器；4—砝码；

5—接溢流出液体的容器

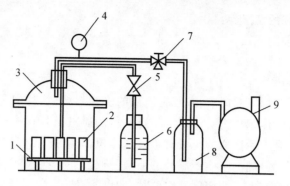

图 4-9 真空装置

1—载物架；2—块状试样；3—真空容器；4—真空表；5—活塞；6—储水瓶；
7—活塞；8—缓冲瓶；9—真空泵

4.4.4 实验步骤

1. 液体静力称重法

(1)试样制备。测定长石、石英等硬质块状原料和制品的真密度时,则选取块状较小的并用四分法选取 25～50 g 作为试样。测定黏土等松散原料的真密度时则用四分法取出 25～50 g 作为试样。

(2)从上述试样中取出 5～10 g,用瓷质研钵研磨至全部通过孔径 0.20 mm 筛,放入烘箱中于 110 ℃下烘干恒重,储存于有 $CaCl_2$ 的干燥器中,备用。

(3)称取 5 g 试样(准确至 0.001 g)倒入 25 mL 比重瓶中,并注入液体(蒸馏水或煤油)至比重瓶的 1/4 处。

(4)用真空法或煮沸法排除试样中的空气,并将已排除空气的蒸馏水或煤油注入比重瓶至标志处。

(5)为使比重瓶的温度与室温平衡,需将比重瓶浸入室温下恒温的蒸馏水(或煤油)浴中 2 h 后,再用分析天平称重。

(6)将比重瓶悬挂在液体静力天平的左臂钩上,并浸入烧杯内液体介质中,微微转动以免有气泡附在瓶底。在天平右臂挂盘中加砝码使天平平衡,测得质量 m_1。称好后将试样倒出,洗净比重瓶,注满抽过真空的同种液体,浸入烧杯内液体中称得质量 m_2。

(7)测定真密度时应同时做两份,每个结果均精确至 0.001 g/cm³,两个结果的绝对误差不应大于 0.005,否则应重做试验。

2. 比重瓶法

(1)将 50 mL 比重瓶(盖好塞子)放入烘箱中于 110 ℃下烘干,用夹子小心地将比重瓶夹住快速地放入干燥器中冷却。

(2)在室温 t 时将蒸馏水注入比重瓶中,盖好瓶塞(水可从其毛细管中溢出,揩净瓶塞上过量的水分时,应注意不从毛细管中抽吸出任何水分),于天平中称得瓶和水的质量 m_2。

(3)称毕将水倒出,另称 8～10 g 已制备好的干燥试样 m_1,小心地加到比重瓶中,注入蒸馏水至比重瓶体积的 1/3 左右,用纸片将塞与瓶口隔离以防黏着。

(4)将比重瓶放入沸水浴中煮 30 min(沸水浴用饱和食盐溶液,可提高沸点到 102 ℃,可缩短煮沸时间),取出,拿掉纸片,待冷至室温 t,然后即注满蒸馏水,拭干,置天平称得质量 m_3。

也可以放入真空装置中进行抽真空处理。

4.4.5　记录与计算

1. 记录

(1)液体静力称重法见表 4 − 13。

表 4 − 13　液体静力称重法

试样名称		测定人		测定日期			
试样处理		液体温度 t/ ℃		液体密度 $\rho/(g \cdot cm^{-3})$			
比重瓶编号	试样质量 m_0/g	试样加液体加比重瓶悬于液体中的质量 m_1/g	液体加比重瓶悬于液体中的质量 m_2/g	试样真密度 $D/(g \cdot cm^{-3})$	真密度平均值 $D_平/(g \cdot cm^{-3})$	备　注

(2)比重瓶法见表 4 − 14。

表 4 − 14　比重瓶法测定真密度记录表

试样名称		测定人		测定日期		
试样处理		液体温度 t'/ ℃		液体密度 $\rho/(g \cdot cm^{-3})$		
试样编号	干试样质量 m_1/g	瓶加水质量 m_2/g	瓶加水加试样质量 m_3/g	室温 t/ ℃	试样真密度 $D/(g \cdot cm^{-3})$	备　注

2. 计算公式

(1)液体静力称重法：

$$D = \frac{m_0 \rho}{m_0 + m_2 - m_1} \tag{4 − 18}$$

式中　D ——试样的真密度,g/cm³；

m_0 ——磨细后的试样质量,g；

m_1 ——盛有液体及试样的比重瓶悬于液体中的质量,g；

m_2 ——盛有液体的比重瓶悬于液体中的质量,g；

ρ ——液体介质的密度,g/cm³。

(2)比重瓶法：

$$D = \frac{m_1 \rho}{m_1 + m_2 - m_3} \tag{4 − 19}$$

式中　D ——试样的真密度,g/cm³；

m_1 ——干试样质量,g；

m_2 ——比重瓶加水质量,g；

m_3——比重瓶加水加试样质量,g;

ρ ——液体介质的密度,g/cm³。

真密度的数据应计算到小数点后 3 位。计算平均值的数据,其绝对误差应不大于 ±0.008。每个试样需平行测定 5 次,若其中两个以上数据超过上述误差范围时应重新进行测定。

4.4.6 注意事项

(1)整个测定称量必须在室温基本恒定的情况下进行。

(2)试样必须绝对干燥,同时必须全部通过规定筛号的筛子。

(3)不允许用手直接拿比重瓶。

(4)在抽真空(或煮沸)过程中应注意气泡的排除情况,防止试样溅出。

(5)抽过真空(或煮沸过的)的蒸馏水,至少需放置 4 h,待完全达到室温后再用。

4.4.7 思考题

1. 测定真密度的意义是什么?

2. 液体静力称重法测定真密度的原理是什么?

3. 影响测定真密度的主要因素是什么?

4. 怎样由真密度数据来分析试样的质量?

4.5 固体粉料的细度和颗粒分布的测定

4.5.1 实验目的

(1)掌握筛析法、沉降法、离心法等测定细度和颗粒分布的原理,并了解其使用上的局限性。

(2)了解陶瓷原料和坯釉料颗粒分布与可塑性、干燥收缩、干燥生坯强度、孔隙度、烧成收缩和烧结性等工艺性能的关系。

(3)掌握筛析法、沉降法、离心法等测定陶瓷原料和坯釉料细度及颗粒分布的操作方法。

4.5.2 实验原理

细度是指粉状物料分散的程度,通常是用粉料颗粒的尺寸大小来表示,例如用万孔筛(10 000 孔/cm²,孔径 61 μm)筛余表示原料或坯釉料的细度。颗粒组成、颗粒分散度、粒度是指粉料中各种不同粒径颗粒的相对含量,如粒径分布、各种粒径的累计百分数等;同时,所以细度和粒度是两个概念。

粒度分布是表征多分散体系中颗粒大小不均一程度的。粒度分布范围越窄,说明颗粒分布的分散程度越小,其集中度越高。严格地讲,粉体的粒度分布都是不连续的,但在实际测量中,可以将接近于连续的粒度范围视为许多个离散的粒级,得出各物级的质量百分数或个数百分数之后,就可以描制出粒度的各种分布。

陶瓷生产中,陶瓷原料和坯釉料的细度及颗粒分布影响着许多工艺性能和理化性能。

　　测定细度和颗粒分布的方法很多,目前已采用的有筛析法、分选法、沉降法、离心法、光透过法、显微镜法、气动法和落球浮沉法等。

　　筛析法是应用最广泛的一种,也是操作最简单、最方便的一种方法,能测定粒度 40 μm 甚至 30 μm 的粉料的分散度(360 目筛孔径 40 μm,500 目筛孔径 30 μm,目前国内能生产这种筛子)。分选法是利用以一定速度流动的空气流分离粉末的粒级。

　　沉降法测定颗粒分布的基础是根据斯托克斯公式即球形物料颗粒在黏性液体介质中的沉降速度与该颗粒半径的平方成正比。沉降法一般能分析 2～30 μm,2 μm 以下有困难。

　　离心法是沉降法的发展,是加速沉降,也是以斯托克斯公式为基础的,一般能分析 2 μm 以下。

　　光透过法的原理是测定颗粒沉降过程中悬浮液的浊度。浊度利用浊度计测定,这种仪器的主要部件是光电管。光透过法能测定 0.01 ～ 30.00 μm。显微镜法是在显微镜下利用目镜—测微度标或织网来直接测定颗粒大小的。气动法是测定通过一定密度的粉末原料层吸收的空气阻力,这就可能测定这种粉料的平均比表面积。落球浮沉法是利用悬浮液上下各处溶液浓度不同对落球的浮力不同而测定各种颗粒粒径的。

　　凡用沉降法(包括天平法、离心法、落球浮沉法、移液管法、压力法、光透过法等)测定陶瓷原料颗粒分布,都必须在滞流条件下,才可用斯托克斯定律确定沉降物料的斯托克斯粒径。以最大颗粒计算的雷诺准数必须满足下式方能保证沉降过程属于滞流,即

$$Re = \frac{d_{\max} \cdot H \cdot \rho}{t \cdot \eta} \leqslant 0.3 \qquad (4-20)$$

式中　$d_{\max}$——原料颗粒的最大斯托克斯直径,cm;

　　　　H——沉降高度,cm;

　　　　ρ——分散介质密度,g/cm³;

　　　　t——最大颗粒在分散介质中按斯托克斯定律计算出的沉降时间,s;

　　　　η——分散介质黏度,g/cm² · s。

　　测试温度可根据实际情况选定,在测试过程中,温度波动不得大于 ±2 ℃。若在测试温度下,分散介质(水)黏度值不能满足雷诺准数要求,则可用一定量的乙醇(化学纯)水溶液为分散介质,以提高分散介质黏度。

　　试样质量(105 ℃恒重)的计算公式为

$$m = nVD \qquad (4-21)$$

式中　m——试样质量,g;

　　　　V——沉降瓶满刻度时容积,mL;

　　　　D——试样真密度,g/cm³;

　　　　n——取 0.008～0.010 之间的值。

4.5.3　仪器设备

　　振动筛(组筛)BO-6511 型(见图 4-10)、圆盘离心颗粒分析仪 TOYCE—LOEBLI、微粒粒径测定仪 LKY—1 型、落球式沉降仪 RS—1000 型、安特生沉降仪(安氏瓶)(见图 4-11)、瓷研钵及胶皮头研棒、分析天平(称量 200 g,感量 0.000 1 g)、恒温烘箱、回流冷凝器装置、超声波发生器、烧杯(500 mL,100 mL)、水浴锅(平底、盘式电炉)、玻璃缸、大小蒸发皿、玻璃棒、

温度计、停表、4%$Na_4P_2O_7$溶液、25%氨水、蒸馏水、高岭土、移液管及移液仪器装置(见图4-12)。

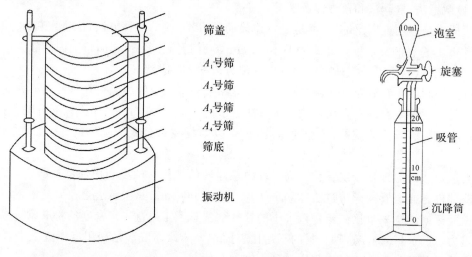

图4-10 振动筛(组筛)示意图   图4-11 安特生沉降仪

如图4-12所示,支柱1固定在三脚架上,环绕支柱1有平台2。支柱1上部刻有 mm(毫米)刻度,并于其中套以套圈4,可用螺钉3将其固定。套圈4用以固定吸管5于一定高度。环绕支柱1于平台2上放置着4~6个量筒6,其容量皆为1 L。量筒内的悬浮液用头部包有橡皮的玻璃棒搅拌,用容积为25 mL的吸管5吸取样品。吸取试样时可应用瓶15的装置,用橡皮管7将瓶15与吸管中部的三联开关8相连接,水从瓶15中经出水管9(其上附有开关)流入盛器10中。欲清洗吸管5时可应用瓶11的装置,水从瓶11、短管12、开关13以及带有孔的特别支管14流入吸管5中,以洗涤吸管。吸管5的上部做成弯曲形并附有毛玻璃开关13,接近吸管下部封闭的端头处,于其管壁上有4~8个直径1.0~1.5 mm的小孔,用以吸入试样。吸取试样时将三联开关8转至Ⅲ位置,放试样于瓷皿中时,将三联开关旋转至Ⅰ-Ⅱ位置。

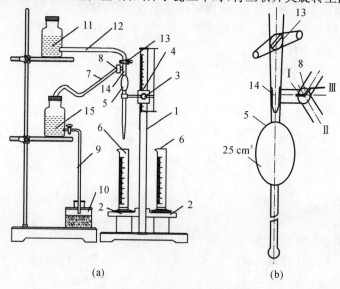

(a)   (b)

图4-12 移液管及移液仪器装置

荒川正文在《粉体的基本特性及其测定》一文中对沉降法提出了六种测定方法,如图4－13所示。其中天平法、比重计法、压力法为累计法(积分法),即测定 S－S 面以上例如天平盘以上的颗粒累计数,共颗粒浓度随时间而递减;移液管法、比重法、光透过法为增量法(微分法),即测定 S－S 固定平面上不同时间的颗粒量,其颗粒浓度随时间的关系曲线见图 4－13(b)。

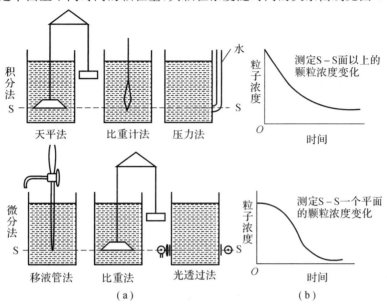

图 4－13　沉降法装置及沉降曲线示意图

4.5.4　实验步骤

1. 筛析法

(1)筛析法是用选定的筛子或若干筛子所组成的一套筛组,经一定时间振动筛分后,测定物料在某一特定筛子或筛组上的筛余量的方法。测定粉料的颗粒分布,可用一系列不同孔径的标准筛,依孔径的大小顺序进行筛分,然后以每只筛上的筛余来表示颗粒分布情况。设所用筛号为 A_1,A_2,$\cdots$,A_n,孔径分别为 d_1,d_2,$\cdots$,d_n,且 $d_1 > d_2 >$,$\cdots$,d_n,相应筛号筛余为 S_1,S_2,$\cdots$,S_n,通过相应筛号的粉料为 S_1',S_2',$\cdots$,为 S_n',则对应于 S_2,S_3,$\cdots$,S_n 的粉料的平均粒径为 $\overline{d_2}$,$\overline{d_3}$,$\cdots$,$\overline{d_{n-1}}$,且 $\overline{d_2}=\dfrac{d_1+d_2}{2}$,$\overline{d_3}=\dfrac{d_2+d_3}{2}$,$\cdots$,$\overline{d_n}=\dfrac{d_{n-1}+d_n}{2}$,而对应于为 S_1' 的粉料的粒径全部不小于 d_1,对应于为 S_n' 的粉料的粒径全部不大于 d_n,显然 $S_1+S_2+\cdots+S_n=100\%$。以质量百分数为纵坐标,粒径为横坐标,利用上述实验得到的筛余 S 和对应的平均粒径 d 可作出分级筛析曲线,如图 4－14(a)所示。若用累积筛余(即该级筛及其上面各筛筛余的总和,例如 A_2 号筛的累积筛余为 S_1+S_2,A_n 号筛的累积筛余为 $S_1+S_2+\cdots+S_n$ 为纵坐标,对应的筛孔径为横坐标则可作出累积筛析曲线,如图 4－14(b)所示。

利用分级筛析曲线可以清楚地看出粒度分布的情况。必须指出,因分级筛析曲线是利用每只筛上的筛余量及其对应的平均粒径作图的,故所用的一系列筛的筛孔尺寸不能任意选取,必须按一定的规律选择,才能作出反映实际粒度分布的筛析曲线。在筛析法中,通常采用按等比级数分布的筛孔尺寸,即 $\dfrac{d_1}{d_2}=\dfrac{d_2}{d_3}=\cdots=\dfrac{d_{n-1}}{d_n}=$ 常数。一般规定上、下两层筛孔尺寸比大体为 $\sqrt{2}=1.414$,更精确一些则为 $\sqrt[4]{2}=1.189$,这就是标准筛。在实际做筛分析时,往往得出累积筛析曲线,再从这个曲线图画出分级筛析曲线。筛析只能对陶瓷原料的颗粒尺寸给以近似的概念,这与原料颗粒通过筛孔的特点有关。尺寸与孔的大小完全相等的颗粒,由于摩擦现象是不能通过筛子的。即使尺寸稍小于筛孔的颗粒也是不能通过筛子的。这可由下列事实证明,该尺寸颗粒通过筛子的数目,随着筛分时间的加长而增加。同时,由于细分散粉末聚集等原因是很难通过小号筛子的,因此必须加以振动或用毛刷来回扫刷以利于细粒通过小号筛子。

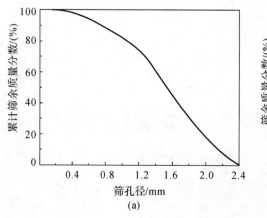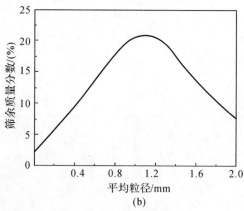

图 4 - 14　筛析曲线

(a)分级筛析曲线　(b)累积筛析曲线

(2)干筛法实验步骤:

1)将雷蒙粉(或其他需筛析的粉料)在 110 ℃烘干至恒重,准确称取 50 g 或 100 g,这要根据所用分析筛子直径大小及筛组数目而定。

2)按分析要求选取清洁干燥的标准筛一块或一组。

3) 一组筛按筛孔径由大至小组装好并装上筛底,试样放在最上面的筛子上,加上筛盖,安装在振动筛分机上。

4) 开动振动筛分机,振动 10 min,取下,称量筛底粉料质量(准确至 0.01 g)。继续开动振筛机直至 1 min 内通过最小孔径粉料不超过 0.05 g 为止,称量各筛筛上及筛底的粉料质量。

(3)湿筛法实验步骤:

1)称取已在 105 ～ 110 ℃烘干至恒重试样 60 g(雷蒙粉或事先研细的陶瓷原料、坯料、釉料),放在烧杯内。

2)加入 300 mL 蒸馏水和 1.5 g 焦磷酸钠,搅拌,然后放在盘形电炉上加热煮沸 1.0～1.5 h,使之成为泥浆。注意加热过程中应经常加水,适当加以搅拌,并防止泥浆溅出损失(若直接用生产上用的泥浆则不需进行此项试样准备)。

3)将上述泥浆倒入所选定号数的筛上或套筛上,然后逐只在盛有清水的脸盆中淘洗或用水冲洗,直至水清为止。将淘洗过的浊水倒入第二块筛子,再按上法进行淘洗,如此逐只进行,最后将各号筛上的残留物用洗瓶分别洗到玻璃皿内,放在烘箱(红外线灯泡内)烘干至恒重,称量(准确至 0.001 g)。

4)若直接用泥浆进行测定,则先称 50 g 或 100 g 泥浆放在烘箱内(或红外线灯泡)烘干,称重,测定此泥浆含水量后,再计算称取相当于 100 g 干粉质量的泥浆,按上述步骤测定筛余率或各号筛上的筛余率。

2. 沉降法

(1)根据斯托克斯定律,球形固体颗粒因重力作用,在黏滞液体介质中沉降时,当颗粒沉降速度不很大,亦即颗粒与液体之间的相对运动呈层流状态时,其沉降速度为一常数,并与该球形颗粒半径的平方成正比。

当球形颗粒在黏液体介质中沉降时,作用于球形颗粒上的力有重力 G、黏滞阻力 f_1、浮力 f_2,分别为:

$$G = \frac{4}{3}\pi r^3 Dg \tag{4-22}$$

$$f_1 = 6\pi \eta r v \tag{4-23}$$

$$f_2 = \frac{4}{3}\pi r^3 \rho g \tag{4-24}$$

因为

$$G = f_1 + f_2 \tag{4-25}$$

所以

$$\frac{4}{3}\pi r^3 Dg = 6\pi \eta r v + \frac{4}{3}\pi r^3 \rho g$$

$$6\pi \eta r v = \frac{4}{3}\pi r^3 Dg - \frac{4}{3}\pi r^3 \rho g = \frac{4}{3}\pi r^3 (D - \rho)g$$

$$v = \frac{2}{9}r^2 \frac{D - \rho}{\eta}g \tag{4-26}$$

式中　v ——球形颗粒下沉速度,m/s;

　　　r ——球形颗粒半径,m;

　　　D ——颗粒原料的真密度,g/cm³;

　　　ρ ——液体介质的密度,g/cm³;

　　　η ——液体介质的黏度,g/cm² · s;

　　　g ——重力加速度,g/cm² · s。

当颗粒的下沉速度为已知数时,其半径或直径可以用下式求出,即

$$r = \sqrt{\frac{9\eta v}{2(D - \rho)g}} \tag{4-27}$$

$$d = \sqrt{\frac{18\eta v}{(D - \rho)g}} \tag{4-28}$$

当某一物料的颗粒在某一固定液体介质中沉降时,η, D, ρ 固定不变,则

$$\sqrt{\frac{9\eta}{2(D - \rho)g}} = 常数(K)$$

即

$$r = K\sqrt{v}$$

因为

$$v = \frac{H}{t} \text{ 或 } t = \frac{H}{t}$$

所以

$$v = K\sqrt{\frac{H}{t}} = \sqrt{\frac{9\eta}{2(D-\rho)g} \cdot \frac{H}{t}} \tag{4-29}$$

或

$$d = \sqrt{\frac{18\eta}{(D-\rho)g} \cdot \frac{H}{t}} \tag{4-30}$$

$$t = \frac{9\eta H}{2(D-\rho)gr^2} \tag{4-31}$$

或

$$t = \frac{18\eta H}{(D-\rho)gd^2} \tag{4-32}$$

式中　H——颗粒下沉的高度，m；

　　　t——颗粒下沉的时间，s。

从上可知，欲求得沉降颗粒的直径就必须知道颗粒的沉降速度；知道了颗粒直径即可计算出这个颗粒(或大小相同的颗粒)降到某一高度所需的时间。欲测定不同的颗粒直径时，则只要固定沉降高度，按不同时间取样就可测出不同颗粒直径的颗粒含量；同样，只要固定取样高度即可计算出取样时间。取出一定相等容积的悬浮液，烘干称重则其质量就代表各粒级含量，再根据悬浮液的浓度就可计算出各个粒级的百分率。在沉降分析中，由于采用测定颗粒速度的手段不同，因此就产生了各种不同的测定方法，如安特生法、移液管法、天平法、比重瓶法等。

(2)粒径 1～50 μm，用沉降法测定是可以的，但 5 μm 以下不准确。粒径 50 μm 以上的因沉降速度太快，粒径 1～2 μm 的受布朗运动干扰且沉降太慢，采用沉降法测定，操作困难且不准确。

(3)沉降法测定固体粉料的细度和颗粒分布，必须遵循下列 3 个条件：

1) 密度相同的单一物料如各种陶瓷原料。而坯料釉料是由高岭土、长石、石英等几种原料混合在一起的，但它们的密度接近，均在 2.6 g/cm³，因此仍可用沉降法测定其细度及粒度分布。

2) 与液体之间的相对运动呈层流状态，而不是湍流状态。这就要求被测原料颗粒与液体的密度差不能太大，粒径不能太大，以保证沉降速度不致太快，沉降时间不致过短。

3) 颗粒自由沉降，要求悬浮液浓度(质量百分比)在 0.1 ％～1.0 ％，容器直径要足够大，以免颗粒沉降时相互碰撞及器壁摩擦的干扰。

不同的测定温度能改变液体的黏度和密度，并在悬浮液中引起对流，使测定结果失真。

(4)悬浮液(分散液、沉降液)的制备及分散方法。制备悬浮液首先要选择适当的悬浮介质(分散介质)。对悬浮介质的要求：

1)能很好地浸润颗粒表面，不溶解颗粒，不与颗粒起化学反应。

2)密度比颗粒的小，且有适当的差值，具有适当的黏度，以使颗粒有适当的沉降速度。

3)在测定温度下不挥发，无毒性(或挥发极慢)。

除了选择适当的悬浮介质外，还必须消除悬浮液中的聚沉现象，才能满足测定要求。造成聚沉的因素很复杂，主要与颗粒性质有关，例如介质对颗粒表面的浸润性，颗粒表面所带的电荷及所吸附的离子、液体介质的 pH 等都对聚沉现象有影响。为了克服聚沉现象，常在悬浮液中加入分散剂，以使颗粒分散。常用的分散剂有以下几种：

1)酸或碱。用来调整悬浮液的 pH，以得到最佳酸度，如乳酸、HCl、Na_2CO_3，NH_4OH 等。

2)电解质。电解质溶于悬浮液后，离解为正负离子，可被颗粒表面吸附，增厚颗粒表面形成的水化膜,使颗粒之间不易产生聚沉。焦磷酸钠、氟化钙、六偏磷酸钠等均是陶瓷原料很好的电解质分散剂。

3)表面活性物质。一般为有机物质,其分子中有一种基团可与颗粒表面亲合,在颗粒表面形成一层介质膜,从而使颗粒分开,如硬质酸盐、油酸及盐类、次甲基双萘磺酸盐等。

加入分散剂的量,要能够形成合适的浓度,才能克服聚沉。对于上述酸、碱、电解质类分散剂而言,只有在某一浓度范围内才能起分散作用,小于或超过这个浓度,反而会使颗粒聚沉;对于表面活性物质类分散剂,一般浓度大些分散效果好些,但浓度过大会改变液体介质的性质(黏度、密度等)并使悬浮体的称量误差增大。

加入分散剂后,还须辅以物理分散方法,如煮沸法、超声波法,以使聚集的颗粒进一步分散开来。

制备好的悬浮液可以存放片刻,以使分散剂充分发挥作用。

在进行沉降分析前,要进行充分的机械搅拌,使已经分散的颗粒在悬浮液中分布均匀;搅拌的方式应避免作圆周运动,以免颗粒沿径向分级,而应记作垂直运动及翻动。

将在 1 100 ℃ 烘干的高岭土粉或其他待测料粉,按悬浮液浓度要求(0.6 %~1.0 %)或用其他沉降法的容积要求,称取试样,然后倒入 40 mL 烧杯中,将 0.01 %~0.05 %(质量浓度)六偏磷酸钠(或焦磷酸钠)加入烧杯中,注入约 200 mL 蒸馏水,进行搅拌,使六偏磷酸钠充分溶解,以达到分散的目的。将烧杯放入超声波容器内振动 40 min(超声波发生器开启时,应先低压预热 10~15 min,再升高压),取出后将悬浮液倒入沉降容器内,加水到规定刻度线,然后将沉降容器翻动 2~5 min,使悬浮液上、下混匀备用。

(5)安特生沉降法实验步骤。图 4-15 所示为颗粒沉降示意图。当沉降开始时($t=0$),各种大小的颗粒在液体介质中的分布是完全均匀的,沉降一段时间后($t\neq0$),粒径$>d_0$的颗粒(图中的 △)全部降至 AA' 面以下,而在此平面以上只有小于 d_1 的颗粒;当沉降 t_2 时间后,粒径 $>d_2$ 的颗粒(图中的 0)全部降至 AA' 面以下;……。当沉降 t_n 时间后,悬浮液中最小的颗粒即粒径为 d_n 的颗粒(图中的 ·)也全部降至 AA' 面以下,这样在不同的时刻 t,AA' 面处的悬浮液浓度是不同的。$t=0$ 时该处的浓度即为悬浮液的初始浓度,以后逐渐变小,到 $t=t_n$ 时,AA' 面的浓度为 0。显然,相邻两个时刻(例如 t_1 和 t_n)AA' 面处的浓度之差即为悬浮液中相应的两个粒径(d_1 和 d_2)间的所有粒子的含量。可以在一定时刻吸取 10 mL AA' 面处的悬浮液,测定此时 AA' 面上的浓度,再根据不同的浓度值,计算出各级颗粒的百分含量。

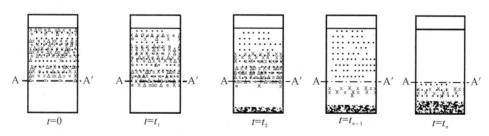

$t=0$　　　　$t=t_1$　　　　$t=t_2$　　　　$t=t_{n-1}$　　　　$t=t_n$

图 4-15　颗粒沉降示意图

1)用水充满安特生沉降仪到圆筒刻度 20 cm 处,将水倒入标准量筒中测定水的体积,即为沉降瓶的有效容积。

2)把水注满到圆筒刻度 20 cm 处,测定每次吸 10 mL 后液面下降的高度 ΔH,由此得出抽取几次后液面下降的高度 H,即

$$H = H_0 - (n-1)\Delta H \qquad (4-33)$$

式中 H_0——悬浮液高度,cm;

n——抽取试样的次数。

3)称量已编好号并洗净烘干的小烧杯(准确到 0.0001 g)。

4)根据式(4-31)或式(4-32)计算各颗粒所需的沉降时间。

5)用洗瓶盛好蒸馏水,准备用来洗涤每次抽吸后黏附在容器壁上的物料颗粒。

6)将制备好的试样全部移至沉降瓶中,加入蒸馏水,恰好至圆筒 20 cm 刻度处。

7)用手将沉降瓶上下摇动 2～5 min(摇动速度以每秒上下摇动 1 次为宜。摇动时注意将活塞关闭好,并用手把进气孔堵好),使物料颗粒分布均匀,停止摇动后立即开动秒表,记录时间。待达到所需的沉降时间时,打开连通沉降瓶的活塞,用吸气球缓慢等速吸取悬浮液 10 mL,放入小烧杯中,用洗瓶的蒸馏水洗涤黏附在移液管壁上的物料颗粒,并将洗液放在小烧杯中。

8)关闭连通沉降瓶活塞,把盛有溶液的小烧杯放入烘箱中,在 105～110 ℃ 下烘干至恒重,冷却后称量(准确至 0.0001 g)。

(6)移液管法实验步骤。移液管法也是计算悬浮体沉降时间之后利用移液管从规定的高度取样。在计算悬浮体的沉降时间时,应根据给定的取样高度与试样中极限颗粒粒径来决定。

1)用分析天平称取 10 g 试样,放到 500 mL 烧瓶中,加入 0.1 N 焦磷酸钠溶液 40 mL(或 4 ‰ $Na_4P_2O_7$ 溶液 11 mL)和蒸馏水 150 mL,煮沸 1 h。烧瓶上装有回流冷凝器,煮沸时勿使悬浮体溅到瓶壁上。

2)冷却,过筛(10 000 孔/cm²),筛上残余物用手指擦动,用水洗至浑浊消失,移至瓷皿中,干燥称重。

3)通过筛子的悬浮液经漏斗注入计量筒中并稀释至 1 L。

4)将盛有试样悬浮液的量筒严格垂直地安置在仪器的转台上,把移液管放入量筒中,使吸入孔准确地处于悬浮液的表面上(移液管的下端是熔封闭口的,但有 4～8 个侧孔,这样的构造能保证从一定的液面上取样,并可防止底层的大颗粒被吸入移液管中),检查零位,同时要测量悬浮液的温度。

5)用搅拌器搅拌悬浮液或用带橡皮头的长玻璃棒搅动悬浮液,以使试样颗粒在悬浮液中均匀分布。

6)根据斯托克斯定律计算颗粒下沉的时间,然后小心地把移液管底端伸到规定的深度,吸取 20 mL 悬浮液。在开始吸入悬浮液之前,应打开吸气瓶溢出管的夹子,并转动连接移液管与吸气瓶的管上三通旋塞。在取样时,悬浮液应均匀地进入移液管中,因此,应逐渐开启三通旋塞。

7)移液管中吸满 20 mL 悬浮液后,应夹紧夹子,关闭三通旋塞,从量筒中抽出移液管,用干净布擦干。回转三通活塞,打开空气通路,让空气进入移液管,使试样悬浮液倾注于瓷皿或量瓶中。

8)用蒸馏水冲洗黏附在移液管壁上的颗粒,洗涤液合并入皿内或量瓶内的悬浮液中。

9)把试样悬浮液浓缩,在 105～110 ℃ 下烘干至恒重,冷却后称重。

10)测试的颗粒粒径小于 1 μm 时,应测量两次温度,即悬浮液搅拌后和取样前,计算时取

平均值;测定颗粒粒径小 0.1 μm 时,计算温度可用沉降时间内的平均室温。

(7)天平法实验步骤。

1)如所测试样为瓷石雷蒙粉,则选用水作悬浮液,焦磷酸钠(0.005 g)作分散剂。用分析天平称取按计算所得分散剂量,倒入少量蒸馏水中,煮沸溶化,稀释至 500 mL,倒入沉降筒内。

2)试样用量计算式为:

$$m = 2\frac{\rho_s}{\rho_s - \rho_0}\frac{V}{v}K_B \tag{4-34}$$

式中　m ——试样质量,g;

　　　ρ_s ——试样真密度,g/cm³;

　　　ρ_0 ——悬浮液真密度,g/cm³;

　　　V ——悬浮液全容积,500 mL;

　　　v ——秤盘到圆筒上液面的容积,300 mL;

　　　K_B——"抵制效果"损失的修正值,可取 1。

用分析天平精确称取按计算所得的经烘干的试样,倒入已制备好的 500 mL 悬浮液中(已放入分散剂),用电动搅拌机充分搅拌(60 min)。

3)把秤盘放入经搅拌好的悬浮液中,用手把秤盘上下往复拉几次(改变由于搅拌后所产生的离心力,防止粗颗粒向沉降筒器壁沉降),把沉降筒放入天平底盘上,把秤盘挂在前吊耳上,开启天平,用砝码钳将砝码逐渐加在右边秤盘中,直到平衡。零点平衡位置尽可能使记录笔接近于记录纸的左端。若在中间,则不能自动记录沉降全过程。

4)打开总电源,把秤盘上下往复拉几次,迅速把秤盘挂在前吊耳上,开启天平,打开工作开关,天平经过短暂的平衡以后进入正常工作状态。3)和 4)两步操作要尽量在短时间内完成,以防颗粒大量沉降。

5)试验终止后,关闭天平及总电源。

6)用钢皮尺测量沉降高度 H。用虹吸管将沉降筒内秤盘面以上的悬浮液小心地抽出,然后把秤盘上的沉积物及悬浮液分别放入烘箱内烘干,以便求得悬浮液中未沉降颗粒质量及沉降在秤盘内的颗粒质量。

7)最后拉左面侧板上的还原装置,使记录笔自动还原到左边。

3. 离心法

(1)光电管微粒粒径测定法。

1)利用离心方法测定固体颗粒分布的原理基于下述自然现象。

球形固体质点在液体介质中的沉降速度,因质点直径大小不同而不同,离心力的作用在于加速固体质点的沉降速度。当含有固体颗粒的试样悬浮液注射于旋转着的沉降液表面上以后,固体颗粒在离心场内旋转着的液面上形成薄层,然后相同直径的颗粒具有相同的沉降速度,形成圆环状分层向外扩散,扩散速度按颗粒大小分级,颗粒直径最大者最先到达光电管位置。光通量的变化则受颗粒多少的影响,所以自试样注入圆盘腔开始,记录纸上的曲线反映了各种粒径的颗粒通过光电管位置的时间,从而可以计算其粒径大小。它还反映了各种粒径的颗粒所引起的光密度变化,从而可以计算相对含量、平均粒径及粒径分布等。

2)试样准备。试样要事先进行处理,以制成充分分散的含固量 1 ‰ 的分散液。方法是取粉状试样加入 1 ‰ 左右的分散剂,置研磨皿中充分研磨后,用水洗稀至 1 ‰ 浓度。静止后取乳浊悬浮液 1 mL,置超声波振荡器中处理 10 ～ 15 min,以制取高分散性悬浮液(分散液),备测试用。

3)沉降液的选择:沉降液应具备的条件:①对于有机玻璃圆盘无任何物理或化学作用。②对于所测试的微粒无物理或化学作用。③其密度和黏度为已知值。④沉降液的密度和黏度数值应适当,以避免测试过程中产生射流现象或延长测试时间。

常用沉降液为各种浓度的甘油-水溶液、蔗糖-水溶液、乙醇-水溶液、溶剂汽油-四氯化碳溶液等。

4)缓冲液的选择。测试时加入缓冲液的目的是使沉降液产生适当的密度梯度,因此缓冲液必须具备的条件:①可以与沉降液混溶。②其密度低于沉降液。

根据沉降液的种类和浓度选择适当的缓冲液。常用的缓冲液为适当浓度的甲醇水溶液、乙醇水溶液、蒸馏水;当沉降液为溶剂汽油-四氯化碳溶液时则用溶剂汽油为缓冲液。

5)实验步骤:

a. 将仪器按水平放好,接上稳压电源,打开电源,指示灯亮,表示电源接通。

b. 打开记录仪的电源开关和记录笔开关。

c. 打开光浊度控制按钮,观察记录仪红色笔尖指示的电压(mV),调节光源强度,使红色笔尖指示在 0.85 ～ 0.95 mV 范围内,并使之稳定片刻。

d. 按动电机启动开关,指示灯亮后缓慢地顺时针方向旋转转速调节旋钮,使离心盘转速逐渐上升,观察转速计显示的转速(r/s),使它稳定在要求的转速位置。

e. 用针筒抽取 40 mL 沉降液(或其他规定的数量)。

f. 旋转注射器支架,使注射器支架针头对准离心圆盘中心。

g. 向旋转着的圆盘中心注入 40 mL 或其他规定数量)沉降液。

h. 观察记录仪中的红色笔尖指示的位置有否变化,旋转光浊度旋转按钮使其稳定在要求的基线位置上(0.85～0.95 mV)。

i. 向圆盘中心注入 1 mL 缓冲溶液,关掉电机开关,1 s 后马上把电机开关再打开,使离心盘产生瞬时减速运动,然后迅速恢复到原来转速,以使缓冲溶液与沉降液部分混合,产生适当的密度梯度。

j. 抽取 1 mL 试样分散液(含固量一般为 1%)。

k. 将试样分散液 1 mL 注入旋转着的圆盘,同时按记时开关,使蓝笔尖给出记时基线(注射试样时针筒针尖应严格对准圆盘中心)。

l. 观察记录仪红色笔尖位置的变化,如果试样注入圆盘后,红色笔尖立即显示光通量的变化,则此次操作可能产生射流,应当作废,重新操作。反复操作仍出现同样现象则可能颗粒粒径过大,需降低转速,或增加沉降液黏度和密度后重新操作。

m. 当记录仪红色笔尖回到基线位置时,则测试完毕。

n. 测试完毕后,将电机调速旋钮逆时针方向旋到底,电机停止转动,用针筒将圆盘中的试液抽出盘外,并用蒸馏水多次清洗,用吸纸将圆盘内的残液吸干。

(2)探针取样圆盘离心颗粒分析法。

1)配制旋转液(填充液)、缓冲液和悬浮液(分散液),并使其密度前者大于后者,形成密度梯度。试样悬浮液和旋转液之间的界面被缓冲液予以缓冲。

2)通过真空系统把试样悬浮液吸入带有注射针头的注射器内。

3)通过注射针头将试样快速地注入离心圆盘腔内,试样注入完毕,刚好接触注射架上的微型开关,这时计时钟就开始自动计时。注入试样后,注射架旋转到左边原来位置,以便取样,探针转到离心圆盘腔前面。

4)按照斯托克斯公式计算得到的取样时间进行取样。取样时将取样探针移进离心圆盘腔内,由探针尖头吸取收集样品,而且被取出的试样悬浮液由真空系统吸进收集单元的容量瓶中。

通过一个齿轮系统使探针在轴向缓慢移动,同时由电机带动探针以反时针方向转动,以便达到试样液的完全收集。

5)把收集到容量瓶中的试样液进行比色分析,以与离心分析前的试样悬浮液的比色分析进行比较,以得到由探针取出的试样中固体颗粒含量占总的试样含量的百分比。例如对水、试样悬浮液、取出试样三者进行比色分析,由于光通量或光密度的不同而计算出探针取出试样的颗粒百分含量。

这种探针取样圆盘离心颗粒分析法是分析细颗粒部分的,一般分析 5 μm 以下的颗粒,即探针取出的是 5 μm 以下的颗粒,5 μm 以上的颗粒仍留在圆盘离心腔内。清洗离心腔后再把 5 μm 以下的试样液注入离心腔,再取出 3 μm 以下的颗粒,以此类推直至分析出小于 1 μm 的颗粒。

本离心法的技术要求:

测量范围 0.01～50 μm,陶瓷、水泥、颜料、染料、磨料、矿物、黏土土壤、空气污染物等都可分析,但实际上很难做到 0.5 μm 以下的颗粒分析。旋转液容量 10～40 mL;收集容量 5～35 mL;试样分散液容量 0.6～2 mL,浓度 0.5％～2.5％(固体含量);离心盘转速 1 000 r/s、1 500 r/s、2 000 r/s、3 000 r/s、4 000 r/s、6 000 r/s、8 000 r/s。

4.5.5　记录与计算

1. 筛析法

(1)干筛法。

1)干筛法分析记录见表 4 - 15。

表 4 - 15　干筛法分析记录

试样名称		测定人		测定日期	
试样处理				试样质量/g	
筛号	筛孔尺寸 /mm	平均粒径 $\overline{d_n}$ /mm	穿过筛面的颗粒累计质量分数 W_2/(％)	筛上颗粒质量分数 W_1/(％)	备　注

2)计算方法 :

$$\overline{d_n} = \frac{d_{n-1} + d_n}{2} \tag{4 - 35}$$

$$S = \frac{W_1}{W_2} \times 100 \% \tag{4 - 36}$$

式中　$\overline{d_n}$——颗粒平均粒径,mm;

　　　d_{n-1},d_n——相邻两个级别颗粒的粒径,mm;

S —— 筛余百分率, %;

W_1 —— 筛上颗粒质量分数, %;

W_2 —— 穿过筛面的颗粒累计质量分数, %。

穿过筛面颗粒的累积质量以称重得到。

筛余百分率需精确至小数点后一位。每个试样需平行测定两次,两次测定的相对误差,筛余量在 5% 以下时应不大于 ±15%;筛余量在 5% 以上时应不大于 ±10%。筛分析时的损失量计算应按比例分配在各号筛的筛余量上,当总损失量超过 3% 时应重新进行测定。

(2)湿筛法。

1)湿筛法记录见表 4-16。

表 4-16 湿筛法分析记录

试样名称			测定人			测定日期		
试样处理						试样质量/g		

编号	筛孔尺寸 /mm	干粉质量测定					残余物质量测定		筛余百分率/(%)	备 注
		皿号	皿质量 /g	皿加试样质量/g	皿加干样质量/g	干粉质量 /g	泥浆质量/g	残渣质量/g		

2)计算方法:

$$S = \frac{\text{某号筛上残留物质量}}{\text{干试样总质量}} \times 100\% \qquad (4-37)$$

其他与干筛法分析相同。

2. 安特生沉降法

(1)数据记录见表 4-17。

表 4-17 数据记录

试样名称		测定人		测定日期	
试样真密度		筛号及筛余		测定温度	
悬浮液浓度		分散剂名称及用量			
试样处理					

试样粒径 /μm	沉降时间 /min	沉降高度 /cm	称量瓶编号	瓶质量 /g	试样质量/g	瓶加试样质量 /g	试样减分散剂质量 /g	$W_1 = \frac{m_{n-1}+m_n}{m_0}$	$w_n = w_1 w_2$

(2)计算方法:

$$W_1 = \frac{m_{n-1}+m_n}{m_0} \times 100\% \qquad (4-38)$$

$$W_n = W_1 W_2 \tag{4-39}$$

式中　W_1——某粒级含量百分率,%;

　　　m_{n-1}——第$(n-1)$次吸出的物料颗粒质量 g;

　　　m_n——第 n 次吸出的物料颗粒质量,g;

　　　W_n——n 级颗粒占试样总量的百分率,%;

　　　W_2——通过万孔筛的百分率,%;

　　　m_0——10 mL 开始浓度悬浮液中颗粒质量,g。

粒级范围:>60 μm,60~30 μm,30~20 μm,20~10 μm,10~5 μm,5~2 μm,2~1 μm,<1 μm,各粒级范围需精确至小数点后两位。

每个试样需平行测定两次,其误差应不大于 5 %。

绘制粒径-百分率累积颗粒分布曲线图。

3. 移液管法

(1)数据记录见表 4-18。

表 4-18　数据记录

试样名称			测定人			测定日期	
试样处理							
试样编号	试样的粒级(粒径)/μm						
	>10	10~5	5~3	3~1	1.0~0.5	<0.5	

(2)计算方法:

粒径<10 μm 的颗粒含量为

$$W_1 = \frac{m_1 V}{20m} \times 100\% \tag{4-40}$$

粒径<5 μm 的颗粒含量为

$$W_2 = \frac{m_2 V}{20m} \times 100\% \tag{4-41}$$

粒径<1 μm 的颗粒含量为

$$W_3 = \frac{m_3 V}{20m} \times 100\% \tag{4-42}$$

式中　m_1——粒径<10 μm 的粒级质量,g;

　　　m_2——粒径<5 μm 的粒级质量,g;

　　　m_3——粒径<1 μm 的粒级质量,g;

　　　m——试样干燥恒重的质量,g;

　　　V——悬浮液稀释后的体积,mL;

　　　20——移液管的容积,mL。

由此可见,试样中各种粒级的百分含量为:>10 μm,100~W_1;10~5 μm,W_1~W_2;5~1 μm,W_2~W_3;<1 μm,W_3。

4. 光电管微粒粒径测定法

(1)记录见表 4-19

表 4-19　数据记录

试样名称		试样来源		试样密度	
试样浓度		试样体积		沉降液	
分散液		缓冲液		沉降液黏度	
沉降液密度		沉降液体积			
转速 n /(r·s^{-1})		记录纸速度/ (mm·h^{-1})			
测 定 人		测定时间		测定温度	

(2)计算。

1)粒径的计算。球形质点于离心场内在液体介质中沉降时,其沉降速度可用斯托克斯公式表示如下

$$\nu = \frac{d^2(\rho_1 - \rho_2)}{18\eta}\frac{u}{gR} \tag{4-43}$$

式中　ν——离心沉降速度,cm/s;

d——颗粒直径,cm;

ρ_1——颗粒密度,g/cm^3;

ρ_2——液体介质密度,g/cm^3;

u——切线速度,cm/s;

g——重力加速度,cm/s^2;

R——回转半径,cm;

η——液体介质的黏度,P。

设 $\Delta\rho$ 为固体颗粒与液体介质的密度差,则

$$\nu = \frac{d^2\Delta\rho}{18\eta}\cdot\frac{u^2}{gR} \tag{4-44}$$

设沉降时间为 t,则离心沉降速度 $\nu = \dfrac{\mathrm{d}R}{\mathrm{d}T}$,则

$$\mathrm{d}T = \frac{\mathrm{d}R}{\nu} \tag{4-45}$$

将式(4-44)代入式(4-45),有

$$\mathrm{d}t = \frac{18\eta g}{d^2\Delta\rho u^2}\cdot R\mathrm{d}R \tag{4-46}$$

因 $u = R\omega$(ω 为角速度),故

$$\mathrm{d}t = \frac{18\eta g}{d^2\omega^2\Delta\rho}\cdot\frac{\mathrm{d}R}{R} \tag{4-47}$$

将式(4-47)积分得:

$$t = \frac{18\eta g}{d^2 \omega^2 \Delta\rho} \cdot \ln\frac{R_2}{R_1} \qquad (4-48)$$

将角速度换算为转速 $(\omega = 2\pi n)$，则

$$t = \frac{18\eta g}{d^2 4\pi^2 n^2 \Delta\rho} \cdot \ln\frac{R_2}{R_1} \qquad (4-49)$$

$$d(\text{cm}) = \left(\frac{18\eta g}{4\pi^2 n^2 t\Delta\rho} \cdot \ln\frac{R_2}{R_1}\right)^{\frac{1}{2}} \qquad (4-50)$$

因为 $1\ \text{cm} = 10^4\ \mu\text{m}$，所以

$$d(\mu\text{m}) = \left(\frac{18\eta g}{4\pi^2 n^2 t\Delta\rho} \cdot \ln\frac{R_2}{R_1}\right)^{\frac{1}{2}} \times 10^4 \qquad (4-51)$$

式中　η——液体介质的黏度，P；

t——沉降时间，s；

n——离心机转速，r/s；

$\Delta\rho$——固体颗粒与液体介质密度差，g/cm^3；

R_1——试样注入后液面至离心盘中心距离，cm；

R_2——光电管至离心盘中心距离，cm；

d——颗粒直径，μm。

将式(4-51)中各常数合并后，则得到用来计算颗粒粒径的公式

$$d(\mu\text{m}) = \left(\frac{1.05 \times 10^8 \eta}{n^2 t\Delta\rho} \cdot \lg\frac{R_2}{R_1}\right)^{\frac{1}{2}} \qquad (4-52)$$

式(4-52)中 $\eta,\Delta\rho,n,R_1,R_2$ 均为已知值，t 为变数。

$t(\text{s})$ 为自试样注入离心盘后，开始计算的时间，由记录纸的走纸速度和试样注射起始线计算得到，因此将上列数值代入式(4-52)可以计算出不同时间通过光电管的颗粒直径 $d(\mu\text{m})$。

2)浓度和粒径分布的计算。记录纸上记录笔绘出的曲线，反映了固体颗粒直径的变化，同时也反映了各种颗粒浓度变化所引起的光线强度的变化，在此基础上根据比色原理，可以计算固体颗粒各种粒径的累积百分数、平均粒径和粒径分布等。

a. 计算各种粒径对应的光密度。设固体颗粒未通过光电管位置时的光线强度为 I_0，固体颗粒通过光电管位置时的光线强度为 I，根据比耳定律，则有

$$光密度 = \ln\frac{I_0}{I} \qquad (4-53)$$

由记录曲线反映的各种粒径颗粒，通过光束位置时光线强度的变化，即可以计算出各种粒径对应的光密度(见下表)：

粒径	光密度
d_1	$\ln\dfrac{I_0}{I_1}$
d_2	$\ln\dfrac{I_0}{I_2}$
…	…
d_i	$\ln\dfrac{I_0}{I_i}$

b. 计算固体颗粒各种粒径累计百分数。以光密度为纵坐标,粒径为横坐标,在坐标纸上作图,根据粒径 $d_1,d_2,\cdots,d_i$,将图形分为若干小块,用求积仪或数方格数目的方法测出每小块面积 A_i 和总面积 A,它们的数值见下表:

各小块面	粒径上限	累计面积	累计百分数
A_1	d_1	A_1	$\dfrac{A_1}{A}\times100\%$
A_2	d_2	A_1+A_2	$\dfrac{A_1+A_2}{A}\times100\%$
A_3	d_3	$A_1+A_2+A_3$	$\dfrac{A_1+A_2+A_3}{A}\times100\%$
...	...	...	...
A_i	d_i	$\sum_i A_i$	$\dfrac{A_1+A_2+\cdots+A_i}{A}\times100\%$

以累计百分数为纵坐标,粒径 d 为横坐标,在半对数坐标纸上作图,画出累计百分数曲线图。

(3)计算实例。

1)已知条件:

试样名称:聚苯乙烯;

试样来源:某厂;

试样密度:1.06 g/cm³;

试样浓度:1%;

试样体积:1 mL;

分散液:30%乙醇/水;

测定温度:20 ℃;

旋转液:25%甘油+蒸馏水,密度 1 g/cm³;

旋转液体积:40 mL;

旋转液黏度:$\eta=0.01$ P;

转速:$n=100$ r/s;

$R_1=28$ mm,$R_2=45$ mm;

记录纸速度:10×60 mm/h。

2)记录纸描绘曲线:图 4-16 中 55,67,93,128.206 为试样注入离心盘后记录曲线上设定点的走纸长度(mm),要知道各点的时间,只要根据走纸速度 10×60 mm/h,也就是走纸 1 mm 需要 6 s,将各点的走纸速度乘以 6 即为各点沉降时间。

如果走纸速度改变,则每走 1 mm 所需时间必须重新计算。

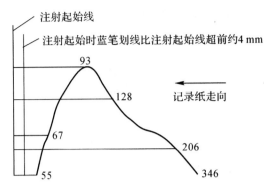

图 4 - 16　记录纸描绘曲线

3）粒径计算：

$$d = \left(\frac{1.05 \times 10^8 \eta}{n^2 t \Delta \rho} \cdot \lg \frac{R_2}{R_1} \right)^{\frac{1}{2}} \tag{4-54}$$

当 $\eta = 0.01$ P，$\Delta \rho = 1.06 - 1 = 0.06$ g/cm^3，$R_1 = 28$ mm，$R_2 = 45$ mm，$n = 100$ r/s 时，有

常数 $A = \left(\frac{1.05 \times 10^8 \times 0.01}{100^2 \times 0.06} \times \lg \frac{45}{28} \right)^{\frac{1}{2}} = (360.69)^{\frac{1}{2}}$

$$d = \left(\frac{A}{t} \right)^{\frac{1}{2}} = \left(\frac{360.69}{t} \right)^{\frac{1}{2}} \tag{4-55}$$

求得 $55 \times 6 = 330, 62 \times 6 = 372, 67 \times 6 = 402, 74 \times 6 = 444, 80 \times 6 = 480, 93 \times 6 = 558, 111 \times 6 = 666, 128 \times 6 = 768, 146 \times 6 = 876, 174 \times 6 = 1\,044, 206 \times 6 = 1\,236, 276 \times 6 = 1\,656, 346 \times 6 = 2\,076$（单位：s）时所对应的粒径。

各种粒径对应的光密度见表 4 - 20。

表 4 - 20　各种粒径 d 对应的光密度 $\ln \dfrac{I_0}{I}$

粒径 d/μm	光密度 $\ln \dfrac{I_0}{I}$	粒径 d/μm	光密度 $\ln \dfrac{I_0}{I}$
1.04	0	0.68	$\ln \dfrac{223}{125} = 0.58$
0.98	$\ln \dfrac{223}{201.5} = 0.102$	0.64	$\ln \dfrac{223}{150} = 0.396$
0.94	$\ln \dfrac{223}{173} = 0.254$	0.58	$\ln \dfrac{223}{175} = 0.242$
0.90	$\ln \dfrac{223}{125} = 0.58$	0.54	$\ln \dfrac{223}{194} = 0.139$
0.86	$\ln \dfrac{223}{100} = 0.8$	0.465	$\ln \dfrac{223}{204} = 0.089$
0.83	$\ln \dfrac{223}{86} = 0.95$	0.415	$\ln \dfrac{223}{221} = 0.0545$
0.73	$\ln \dfrac{223}{100} = 0.8$		

　　根据表 4-20 就可以在毫米方格纸上画出光密度—粒径对应图（见图 4-17），再根据粒级将光密度-粒径对应图分为若干小块，用求积仪或数方格数目的方法，测出每小块面积 A_i 和总面积 A，每一粒级百分数为 $\dfrac{A_i}{A} \times 100$ ％，一般计算到这里就可以了。如果再要计算累积百分数，则必须根据前面要求，在半对数座标纸上作图，画出累计百分数曲线图（见图 4-18）。

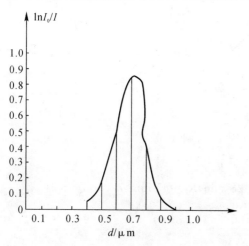

图 4-17　光密度-粒径对应图

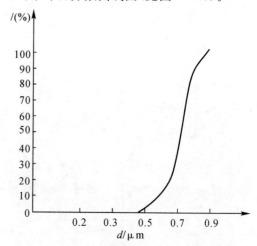

图 4-18　累计百分数曲线图旋转式黏度计

　　4）粒径分级（见下表）：

d 分级/μm	各粒级所占百分比/（％）	累计百分数/（％）
0.4～0.5	3.5	3.5
0.5～0.6	9	12.5
0.6～0.7	22.8	35.3
0.7～0.8	35.5	70.8
0.8～09	25.1	95.9
0.9～1.0	4	100

5. 探针取样圆盘离心颗粒分析法

　　根据斯托克斯公式，有：

$$t = \frac{6.299 \times 10^9 \eta}{d^2 n^2 \Delta\rho} \lg \frac{R_2}{R_1} \tag{4-56}$$

式中　t——离心沉降时间，min；

　　　d——颗粒直径，μm；

　　　n——离心盘转速，r·/s；

　　　$\Delta\rho$——颗粒与分散液之间的密度差，g/cm³；

　　　η——分散液黏度，P；

　　　R_2——在给定条件下，直径为 d 的颗粒从半径为 R_1 沉降达到的半径（收集半径），cm；

R_1——颗粒的出发半径,决定于所使用的旋转液的体积,cm。

已知圆盘腔的直径 $D=10.16$ cm,深度 $h=0.635$ cm,收集直径 $R_2=4.83$ cm。

旋转液的体积 $V=\pi h(R^2-R_1^2)=3.14\times0.635\times(5.08^2-R_1^2)$,则

$$R_1=\sqrt{25.81-\frac{V}{1.99}}\approx\sqrt{25.81-\frac{V}{2}}$$

当 $V=40$ mL 时,有

$$R_1=\sqrt{25.81-\frac{40}{2}}=\sqrt{5.81}=2.41 \text{ cm}$$

$$\lg\frac{R_2}{R_1}=\lg\frac{4.83}{2.41}=0.301\,9$$

当 $V=30$ mL 时,有

$$R_1=\sqrt{25.81-\frac{30}{2}}=\sqrt{10.81}=3.29 \text{ cm}$$

$$\lg\frac{R_2}{R_1}=\lg\frac{4.83}{3.29}=0.166\,8$$

当 $V=20$ mL 时,有

$$R_1=\sqrt{25.81-\frac{20}{2}}=\sqrt{15.81}=3.98 \text{ cm}$$

$$\lg\frac{R_2}{R_1}=\lg\frac{4.83}{3.98}=0.084\,0$$

当 $V=10$ mL 时,有

$$R_1=\sqrt{25.81-\frac{10}{2}}=\sqrt{20.81}=4.56 \text{ cm}$$

$$\lg\frac{R_2}{R_1}=\lg\frac{4.83}{4.56}=0.024\,9$$

当 $V=5$ mL 时,有

$$R_1=\sqrt{25.81-\frac{5}{2}}=\sqrt{23.31}=4.83 \text{ cm}$$

$$\lg\frac{R_2}{R_1}=\lg\frac{4.83}{4.83}=0$$

在式(4-56)中,$n,\eta,\Delta\rho,R_2,R_1$ 在给定条件下都是定值,只有 t,d 是变数,只要假设一个 d(即需要取出试样的粒径)即可求出一个 t 来。例如要取出粒径为 2 μm 的颗粒,按照所计算出的时间 t,取样探针所取出的试样液内的颗粒粒径即为 2 μm。

4.5.6　注意事项

(1)沉降法测定颗粒粒级,其颗粒沉降应为自由沉降,在测定过程中要绝对避免振动和热搅动。

(2)用安特生沉降法测定颗粒分布,吸取试样是关键,吸取时应保持等速吸取,不宜过快或过慢,一般以 30 s 为宜(以计算得到的吸取时间为准,±1.5 s)。

(3)试样分散得好不好直接影响测定结果,因此,应使试样完全分散,不允许有凝聚、起团、

结块现象。

(4)光电管微粒粒径测定仪测定的颗粒是根据斯托克斯定律计算的,假定所有颗粒的几何形状都是球形的,事实上有些物料的颗粒不是球形的,在此情况下计算结果是近似值。

(5)采用光密度—粒径作图法,计算微粒粒径累积百分含量,方法简便,但由于光密度与微粒的消光系数有关,而消光系数因粒子的大小不同而不同,所以本计算法所得累积百分含量可作为相对比较值参考,与绝对值有偏差。微小颗粒的百分含量偏低,误差较大。

(6)沉降液与缓冲液的种类和浓度,要选择适当,否则影响测定结果的正确性。第一次测定某种颗粒时,应多次进行试验,选择适当条件。

4.5.7 思考题

1. 细度与颗粒分布的含义是什么?
2. 用筛析法测定颗粒分布时,如何选择标准筛?
3. 筛析法分为哪几种?应用范围如何?陶瓷工业中常用的是哪种方法?
4. 筛析法有何优缺点?
5. 筛分析应该注意些什么?
6. 沉降法的原理是什么?写出数学表达式。
7. 什么叫悬浮剂(分散剂)?常用的悬浮剂有哪几种?悬浮剂应具备哪些条件?
8. 影响沉降的因素有哪些?
9. 原料的颗粒组成对陶瓷生产工艺性能及理化性能有何影响?
10. 沉降液(旋转液、填充液)、缓冲液和悬浮液(分散液)各起什么作用?
11. 如何选择分散剂?如何确定分散剂加入量?怎样判断分散好坏?采用什么方法加强分散?
12. 如何判断沉降过程属于滞流?采取什么措施保证滞流?
13. 斯托克斯定律受到什么限制?
14. 如何定义颗粒直径?

4.5.8 附录

1. 颗粒分布的图解法

沉降天平分析结果得到的是一条秤盘上累积质量对时间的曲线。求取粒度分布一般是用图解的方法得到的,它的基本原理简述如下:设单种粒径的颗粒在沉降过程中,沉降质量随时间成比例增加(斯托克斯公式假设粒子等速均匀沉降),沉降曲线应是一条直线,直到颗粒沉降完毕,质量不变化为止。从液面到秤盘面的高度为沉降高度 H,颗粒从液面沉到秤盘面的时间为沉降时间 t,则该单种粒径的颗粒沉降速度为

$$V = \frac{H}{t}$$

将 V 代入斯托克斯公式便可求出该种颗粒的颗粒半径 r。

如果有 5 种大小不同的颗粒,它们单独沉降时的沉降曲线(见图 4 - 19)分别为 1、2、3、4、5,将它们混合后得到的沉降曲线即为折线 $ABCDE$,该线段上任一点的沉降质量就相当于同一时刻五条曲线上相应点的沉降质量之和。

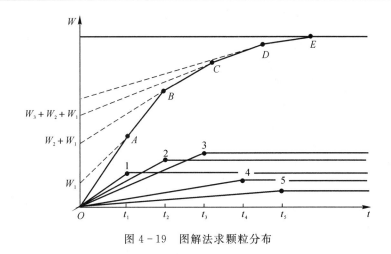

图 4 - 19 图解法求颗粒分布

以线段 BC 为例,该线段上任一点的沉降质量可用表示为:
$$W_{BC} = (K_3 + K_4 + K_5)t + W_1 + W_2 \qquad (4-57)$$
式中　K_3, K_4, K_5——为 3,4,5 种颗粒沉降曲线斜率;

　　W_1, W_2——为 1,2 种颗粒沉降质量 m。

同理,线段 CD 上任一点的沉降质量可用表示为:
$$W_{CD} = (K_4 + K_5)t + W_1 + W_2 + W_3 \qquad (4-58)$$
式(4-57)和式(4-58)的截距就等于线段 BC 和 CD 延长线在纵轴上的截距 $W_1 + W_2$ 和 $W_1 + W_2 + W_3$。

因此,从图形上可以看出,颗粒在时间 t 内沉降的质量就是沉降曲线上时间 t 点的切线在纵轴上的截距。

式(4-57)和式(4-58)之差就相当于某种粒径的质量分数。

实际粉料是由各种不同粒径的颗粒组成的,其沉降曲线应是一条平滑的曲线(不是折线),因此,由上述分析可知,图解时,在曲线上的一些点作切线交于纵轴,得到一系列截距,就可计算出各点对应粒径的颗粒质量分数。

2. 粒度分布沉降曲线极限的外推法

一般情况下,实验所得到的沉降曲线是不完整的,只有当实验进行到底,连最小的颗粒都沉积在秤盘上时,才能得到一条比较完整的曲线。减小沉降高度可以缩短沉降时间,但沉降时间还是很长。因此必须寻找其他办法,以求出沉降曲线的极限值。设在沉降曲线横座标下面以 A/t 对沉降截距(横座标)作图(A 是任意整数,例如取 $A = 1000$),此曲线表示沉降速度。其中表示高度分散颗粒的沉降速度的曲线部分接近于一条直线,延长此直线与横座标交于 G 点,自 G 点作平行于纵轴的直线即为该沉降曲线的极限(渐近线)。如图 4 - 20 所示。

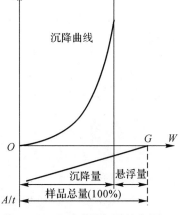

图 4 - 20 沉降曲线极限的外推法

3. Sedigraph(沉降图) 5000ET 型颗粒分析仪

本仪器是目前美国规定的颗粒分析标准化仪器,由 X 射线管(包括高压电气部分)、狭缝、样品盒、样品泵、样品分散装置、指示器、记录器、样品盒程序计算机和数字位置转化器(指令系统)和图表程序计算机和数字位置转化器等组成。测定粒径范围为 $100.0 \sim 0.1\ \mu m$。一次测定的粒径等级范围视液体密度和液体黏度而定。测定同一样品时,无论从 $100\ \mu m$ 测到 $0.1\ \mu m$,还是从 $60\ \mu m$ 测到 $0.1\ \mu m$,其沉降曲线均重合得很好。由于采用了边测定边移动样品盒(向下移动)以缩短沉降高度的措施,所以沉降时间并不长。例如密度为 $2.6\ g/cm^3$ 的陶瓷原料在水中沉降 10 min 可测定 $50\ \mu m$ 到 $2\ \mu m$,沉降 20 min 可测到 $1\ \mu m$,沉降 100 min 则可测得 $0.2\ \mu m$。沉降液浓度以体积百分数计则颗粒占 $0.5\% \sim 5.0\ \%$。做沉降分析时所要求的浓度则依颗粒对 X 射线的吸收能力而定。X 射线一次辐射是具有接近 10 000 eV 和 0.125 nm(1.25 Å)波长的钨 L_a X 射线。这种颗粒分析仪应用软的 X 射线指示出相应的颗粒浓度,这是因为 X 射线吸收是与颗粒质量成比例的。本颗粒分析仪以最大颗粒计算的雷诺准数 $Re = 0.1$。如图 4-21 所示。

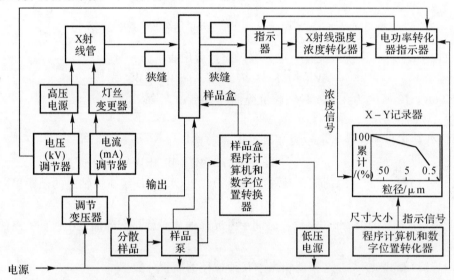

图 4-21 Sedigraph5000ET 型 X 射线管式颗粒分布测定仪原理示意图

4.6 气孔率、吸水率、体积密度的测定

4.6.1 实验目的

(1)掌握显气孔率、闭口气孔率、真气孔率、吸水率和体积密度的测定原理和方法。
(2)分清体积密度与真密度的不同物理概念。
(3)了解气孔率、吸水率、体积密度与陶瓷制品理化性能的关系。

4.6.2 实验原理

陶瓷制品或多或少含有大小不同、形状不一的气孔。浸渍时能被液体填充的气孔或和大气相通的气孔称为开口气孔;浸渍时不能被液体填充的气孔或不和大气相通的气孔称为闭口气孔。陶瓷体中所有开口气孔的体积与其总体积之比值称为显气孔率或开口气孔率;陶瓷体中所有闭口气孔的体积与其总体积之比值称为闭口气孔率。陶瓷体中固体材料、开口气孔及闭口气孔的体积总和称为总体积。陶瓷体中所有开口气孔所吸收的水的质量与其干燥材料的质量之比值称为吸水率。陶瓷体中固体材料的质量与其总体积之比值称为体积密度。陶瓷体中所有开口气孔和闭口气孔的体积与其总体积之比值称为真气孔率。

由于真气孔率的测定比较复杂,一般只测定显气孔率,所以在生产中通常用吸水率来反映陶瓷产品的显气孔率。

测定陶瓷原料与坯料烧成后的气孔率与吸水率,可以确定其烧结温度和烧结范围,从而制定烧成曲线。陶瓷材料的机械强度、化学稳定性和热稳定性等与其气孔率有密切关系。要使陶瓷制品的气孔率等于零也许是非常困难的甚至是不可能的,但是从配料与工艺上可以采取措施提高陶瓷制品的致密度,从而使气孔率降到最低限度。

4.6.3　仪器设备

液体静力天平(见图 4 - 22)、普通天平(感量 0.01 g)以及烘箱、抽真空装置(见图 4 - 23)、带有溢流管的烧杯、煮沸用器皿、毛刷、镊子、吊篮、小毛巾和三角架。

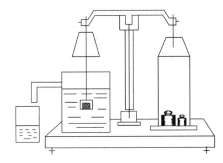

图 4 - 22　测定开口气孔率时在液体中的称量装置

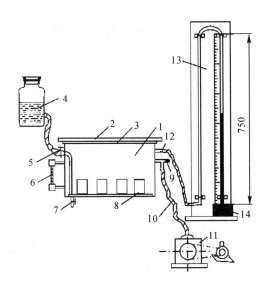

图 4 - 23　抽真空装置

1—抽真空用箱;2—盖子;3—垫圈;4—用作饱和试样的液体;5—开关;
6—水位仪;7—废液排出口;8—试样;9—排气口;10—连接管;
11—真空油泵;12—接压力计口;13—水银压力计;14—水银槽

4.6.4　实验步骤

（1）刷净试样表面灰尘，放入电热烘箱中于 105～110 ℃烘干 2 h 或在允许的更高温度下烘干至恒重，然后在干燥器中自然冷却至室温，最后称量试样（质量 m_1，精确至 0.01 g）。试样干燥至最后两次称量之差不大于其前一次的 0.1% 即为恒重。

（2）试样浸渍。把试样放入容器内，并置于抽真空装置中，抽真空至其剩余压力小于 2.7 kPa(20 mm Hg)。试样在此真空度下保持 5 min，然后在 5 min 内缓慢地注入供试样吸收的液体（工业用水或工业纯有机液体），直至试样完全淹没，再保持抽真空 5 min。停止抽气，将容器取出在空气中静置 30 min，使试样充分饱和。

（3）饱和试样表观质量测定。将饱和试样迅速移至带溢流管容器的浸液中，当浸液完全淹没试样后，将试样吊在天平的挂钩上称量，得饱和试样的表观质量 m_2，精确至 0.01 g。

表观质量（apparent mass）系指饱和试样的质量减去被排除的液体的质量，即相当于饱和试样悬挂在液体中的质量。

（4）饱和试样质量测定。从浸液中取出试样，用饱和了液体的毛巾，小心地擦去试样表面多余的液滴（但不能把气孔中的液体吸出）。迅速称量饱和试样在空气中的质量 m_3，精确至 0.01 g。

（5）浸渍液体密度测定：测定在试验温度下所用的浸渍液体的密度，可采用液体静力称量法、液体比重天平法或液体比重计法，精确至 0.001 g/cm³。

4.6.5　记录与计算

1. 记录

实验数据见表 4 - 21。

表 4 - 21　实验数据记录

试样名称		测定人		测定日期		
试样处理						
试样编号	干试样质量 m_1/g	饱和试样的表观质量 m_2/g	饱和试样在空气中的质量 m_3/g	吸水率 W/(%)	显气孔率 P_a/(%)	真气孔率 P_t/(%)	闭口气孔率 P_c/(%)	体积密度 D_b/(g·cm⁻³)

2. 计算

（1）吸水率：

$$W = \frac{m_3 - m_1}{m_1} \times 100\% \tag{4-59}$$

（2）显气孔率：

$$P_a = \frac{m_3 - m_1}{m_3 - m_2} \times 100\% \tag{4-60}$$

（3）体积密度：

$$D_b = \frac{m_1 D_t}{m_3 - m_2} \qquad (4-61)$$

（4）真气孔率：

$$P_t = \frac{D_t - D_b}{D_t} \times 100\% \qquad (4-62)$$

（5）闭口气孔率：

$$P_c = P_t - P_a \qquad (4-63)$$

式中　m_1——干燥试样的质量，g；

　　　m_2——饱和试样的表观质量，g；

　　　m_3——饱和试样在空气中的质量，g；

　　　D_t——试样的真密度，g/cm^3。

式（4-62）中（$D_t - D_b$）此差值为 1 cm^3 的无孔物体比 1 cm^3 的有孔物体重多少。为了将 1 cm^3 物体中的气孔完全填满，而使它变为无孔物体，就需要密度为 D_t 的无孔物体（$D_t - D_b$）g。用 D_t 去除这个质量所得之商即为所需的无孔物体的体积，即 $\frac{D_t - D_b}{D_t}$ cm^3。而 $\frac{D_t - D_b}{D_t}$ cm^3 体积值就是开口气孔和闭口气孔的总体积，以百分数表之即为真气孔率。

（6）试验误差：

1）同一试验室、同一试验方法、同一块试样的复验误差不允许超过：显气孔率，0.5%；吸水率，0.3%；体积密度，0.02 g/cm^3；真气孔率，0.5%。

2）不同试验室、同一块试样的复验误差不允许超过：显气孔率，1.0%；吸水率，0.6%；体积密度，0.04 g/cm^3；真气孔率，1.0%。

4.6.6　注意事项

（1）制备试样时一定要检查试样有无裂纹等缺陷。

（2）称取饱吸液体试样在空气中的质量时，用毛巾抹去表面液体操作必须前后一致。

（3）要经常检查天平零点以保证称重准确。

4.6.7　思考题

1. 设已测出陶瓷制品的真密度，试求真气孔率与闭口气孔率。

2. 怎样描述陶瓷制品的烧成质量与吸水率、气孔率的关系？

3. 真气孔率、开口气孔率、闭口气孔率、吸水率、体积密度的含义是什么？

4. 测定真气孔率、开口气孔率、闭口气孔率、吸水率、体积密度能反映陶瓷制品质量的哪几项指标？

5. 影响陶瓷制品气孔率的因素是什么？

4.7 线收缩率和体收缩率的测定

4.7.1 实验目的

(1)掌握黏土或坯料干燥及烧成收缩率的测定方法。

(2)为陶瓷制品生产过程中所用工模刀具的放尺率提供依据。

(3)由黏土或坯料的干燥及烧成收缩率以及由收缩所引起的开裂变形等缺陷的出现,为确定配方、制定干燥制度和烧成制度提供合理的工艺参数依据。

(4)了解黏土或坯料产生干燥和烧成收缩的原因及调节收缩的措施。

4.7.2 实验原理

可塑状态的黏土或坯料在干燥过程中,随着温度的提高和时间的增长,有一个水分不断扩散和蒸发、质量不断减轻、体积和孔隙不断变化的过程。开始加热阶段,时间很短,坯体体积基本不变。当升至湿球温度时,干燥速度增至最大时即转入等速干燥阶段,干燥速度固定不变,坯体表面温度也固定不变,坯体体积迅速收缩,是干燥过程最危险阶段。到降速阶段,由于体积收缩造成内扩散阻力增大,使干燥速度开始下降,坯体的平均温度上升。由等速阶段转为降速阶段的转折点叫临界点,此时坯体的水分即为临界水分。降速阶段坯体体积收缩基本停止。在同一加工方法条件下,随着坯料性质的不同,它在干燥过程中水分蒸发的速度和收缩速度以及停止收缩时的水分(临界水分)也不同。有的坯料干燥时,水分蒸发很快,收缩很大,临界水分很低;有的坯料干燥时,水分蒸发较慢,收缩较小,临界水分较高,这是坯料的干燥特征。因此测定坯料在干燥过程中收缩、失重和临界水分,对于鉴定坯料的干燥特征,为制定干燥工艺提供依据具有实际意义。在烧成过程中,由于产生一系列物理化学变化如氧化分解、气体挥发、易熔物熔融成液相,并填充于颗粒之间,所以粒子进一步靠拢,进一步产生线性尺寸收缩和体积收缩。

黏土或坯料干燥过程中线性尺寸的变化与原始试样长度之比值称为干燥线收缩率;烧成过程中线性尺寸变化与干燥试样长度之比值称为烧成线收缩率;坯体总的线性尺寸变化与原始试样长度之比值称为总线收缩率。一般采用卡尺或工具显微镜进行度量和测定。

黏土或坯料干燥过程中体积的变化与原始试样体积之比值称为干燥体积收缩率;烧成过程中体积的变化与干燥试样体积之比值称为烧成体积收缩率;总的体积变化与原始试样体积之比值称为总体积收缩率。

分子间内聚力、表面张力等是产生收缩的动力。

黏土或坯料在干燥和烧成过程中所产生的线性尺寸、体积的变化与坯料的组成、含水量、颗粒形状、粒径大小、黏土矿物类型、有机物含量、成型方法、成型压力方向以及烧成温度气氛等有关。

黏土或坯料的干燥收缩对制定干燥工艺规程有着极其重要的意义。干燥收缩大,干燥过程中就容易造成开裂变形等缺陷,干燥过程(尤其是等速干燥阶段)就应缓慢平稳。工厂中根据干燥收缩率确定毛坯、模具及挤泥机出口的尺寸,根据强度的高低选择生坯的运输和装窑方式。

线收缩的测定比较简单,对于在干燥过程中易发生变形歪扭的试样,必须测定体积收缩。

烧结的试样体积可根据阿基米德原理测定在水中减轻的质量计算求得。干燥前后的试样体积可根据阿基米德原理测定其在煤油中减轻的质量计算求得。

4.7.3　仪器设备

卡尺(精确度 0.02 mm)、工具显微镜、试样压制切制模具、划线工具、烘箱、电炉、玻璃板(400 mm×400 mm×4 mm)、碾棒(铝质或木质)、煤油、蒸馏水和丝绸布。

4.7.4　实验步骤

1. 线收缩测定

(1)试样制备。称取雷蒙混合粉 1 kg,置于调泥容器中,加水拌和至正常操作状态,然后充分捏练,密闭陈腐 24 h 备用。或直接取用生产上真空练泥机挤出的塑性泥料。

(2)把塑性泥料放在铺有湿绸布的玻璃板上,上面再盖一层湿绸布,用专用碾棒进行碾滚。碾滚时,注意换方向,使各方面受力均匀,最后轻轻滚平,用专用模具切成 50 mm×50 mm×8 mm 试块 5 块,小心地置于垫有薄纸的玻璃板上,随即用划线工具在试块的对角线上按上互相垂直相交的长 60 mm 的两根线条记号,并编号,记下长度 L_0。

(3)制备好的试样在室温下阴干 1～2 d,阴干过程中要翻动,不使试块紧贴玻璃板影响收缩。待试块发白后放入烘箱,在 105～110 ℃下烘干 4 h。冷却后用小刀刮去泥号边缘的突出部分(毛刺),用卡尺或工具显微镜量取试块上记号间的长度 L_1(准确至 0.02 mm)。

(4)将测量过干燥收缩的试样装入电炉(或生产窑、试验窑)中焙烧(装烧时应选择平整的垫板并在垫板上撒上石英砂或 Al_2O_3 粉或刷上 Al_2O_3 浆),烧成后取出,再用卡尺或工具显微镜量取试块上记号间的长度 L_2(准确至 0.02 mm)。

2. 体收缩测定

(1)试样制备。取经充分捏练后的泥料或取自生产上用的塑性泥料,碾滚成厚 10 mm 的泥块(碾滚方法与线收缩试样同),切成 25 mm×25 mm×10 mm 的试块 5 块,编号。

(2)制备好的试样用天平迅速称量(准确至 0.005 g),然后放入煤油中称取其在煤油中的质量和饱吸煤油后在空气中的质量,而后置于垫有薄纸的玻璃板上阴干 1～2 d,待试样发白后,放入烘箱中,在 105～110 ℃下烘干至恒重,冷却后称取其在空气中的质量(准确至0.002 g)。

(3)将空气中称重后的试样放入抽真空装置中,在相对真空度不小于 95% 的条件下,抽真空 1 h,然后放入煤油中(至浸没试样),再抽真空 1 h,取出称取其在煤油中的质量和饱吸煤油后在空气中的质量(准确至 0.002 g)。称量时应抹去试样表面多余的煤油。在没有真空装置的条件下,可把试样放在煤油中浸泡 24 h。

(4)将测定过干燥体收缩的试样装入电炉中熔烧,烧后取出刷干净,称取其在空气中的质量(准确至 0.005 g),然后放入抽真空装置中,在相对真空度不小于 95% 的条件下,抽真空 1 h,再放入蒸馏水中(至浸没试样)抽真空 1 h,取出称取其在水中的质量和饱吸水后在空气中的质量(准确至 0.005 g)。

如无真空装置,也可用煮沸法煮沸 4 h,冷却静置 20 后称重。

4.7.5　记录与计算

1. 记录

(1)线收缩率测定记录见表 4-22。

表 4-22　线收缩率测定记录

试样名称		测定人		测定日期	
试样处理					

编号	湿试样记号间距离 L_0 mm	干试样记号间距离 L_1 mm	烧成试样记号间距离 L_2 mm	干燥线收缩率 $y_{dl}/(\%)$	烧成线收缩率 $y_{sl}/(\%)$	总线收缩率 $y_{al}/(\%)$	备注

(2)体收缩率测定记录见表 4-23。

表 4-23　体收缩率测定记录

试样名称		测定人		测定日期	
试样处理					

编号	湿试样 在空气中质量 m_0 /g	在煤油中质量 m_1 /g	饱和煤油质量 m_2 /g	体积 $V_0=\dfrac{m_2-m_1}{\rho_0}$ /cm	干试样 在空气中质量 m'_0 /g	在煤油中质量 m'_1 /g	饱和煤油质量 m'_2 /g	体积 $V_1=\dfrac{m'_2-m'_1}{\rho_1}$ /cm	烧成试样 在空气中质量 m''_0 /g	在煤油中质量 m''_1 /g	饱和煤油质量 m''_2 /g	体积 $V_2=\dfrac{m''_2-m''_1}{\rho_2}$ /cm	干燥体积收缩率 $y_{db}/(\%)$	烧成体积收缩率 $y_{sb}/(\%)$	总体积收缩率 $y_{ab}/(\%)$	备注

2. 计算

(1)线收缩率计算:

$$y_{dl} = \frac{L_0 - L_1}{L_0} \times 100\% \tag{4-64}$$

$$y_{sl} = \frac{L_1 - L_2}{L_1} \times 100\% \tag{4-65}$$

$$y_{al} = \frac{L_0 - L_2}{L_0} \times 100\% \tag{4-66}$$

$$y_{sl} = \frac{y_{al} - y_{dl}}{100 - y_{dl}} \times 100\% \tag{4-67}$$

$$y_{al} = \frac{100 - y_{dl}}{100} y_{sl} + y_{dl} \tag{4-68}$$

式中　y_{dl}——干燥线收缩率，%；

　　　y_{sl}——烧成线收缩率，%；

　　　y_{al}——总线收缩率，%；

　　　L_0——湿试样记号间距离，mm；

　　　L_1——干试样记号间距离，mm；

　　　L_2——烧成试样记号间距离，mm。

（2）体收缩率计算：

$$y_{db} = \frac{V_0 - V_1}{V_0} \times 100\% \tag{4-69}$$

$$y_{sb} = \frac{V_1 - V_2}{V_1} \times 100\% \tag{4-70}$$

$$y_{ab} = \frac{V_0 - V_2}{V_0} \times 100\% \tag{4-71}$$

式中　y_{db}——干燥体收缩率，%；

　　　y_{sb}——烧成体收缩率，%；

　　　y_{ab}——总体收缩率，%；

　　　V_0——湿试样体积，cm^3；

　　　V_1——干试样体积，cm^3；

　　　V_2——烧成试样体积，cm^3。

线收缩率和体收缩率之间的关系式为：

$$y_l = \left(1 - \sqrt[3]{1 - \frac{y_b}{100}}\right) \times 100 \tag{4-72}$$

4.7.6　注意事项

（1）测定线收缩率的试样应无变形等缺陷，否则应重做试验。

（2）测定体收缩率的试样，其边棱角应无碰损等缺陷，否则应重做试验。

（3）擦干试样上煤油（或水）的操作应前后一致。

（4）试块的湿体积应在成型后 1 h 以内进行测定。

（5）试样的成型水分不可过湿，以免收缩过大。

（6）在试样表面刻划记号时，不可用手挪动试样。

4.7.7　思考题

1. 测定黏土或坯料的收缩率的目的是什么？

2. 影响黏土或坯料收缩率的因素是什么？

3. 如何降低收缩率？

4. 干燥过程和烧成过程为什么会收缩？其动力是什么？

4.8 石膏浆凝结时间的测定

4.8.1 实验目的

(1)掌握石膏浆凝结时间的测定方法。

(2)了解石膏浆凝结时间与石膏模具强度的关系。

(3)掌握影响石膏浆凝结时间的因素。

4.8.2 实验原理

石膏石是以二水硫酸钙($CaSO_4 \cdot 2H_2O$)为主要成分的结晶沉积岩,见表 4-24。石膏石中除水石膏外,常混杂有方解石、菱镁矿等,杂质矿物的存在会显著影响石膏浆凝结时间和模型强度。

表 4-24 石膏石的化学和矿物成分

级 别	矿物成分:$CaSO_4 \cdot 2H_2O$ 含量/(%)	化学成分:结晶水,含量/(%)
1	$W_1 \geqslant 90$	$W_2 \geqslant 18.83$
2	$80 \leqslant W_1 < 90$	$16.74 \leqslant W_2 < 18.83$
3	$70 \leqslant W_1 < 80$	$14.65 \leqslant W_2 < 16.74$
4	$60 \leqslant W_1 < 70$	$11.51 \leqslant W_2 < 14.65$

陶瓷厂制模用的石膏粉是在干燥大气中常压下炒制而得的 β-半水石膏。用这种 β-半水石膏粉调配石膏浆需水量较多,模型强度低。由于 β-半水石膏颗粒是晶面破坏的碎屑,孔隙和裂纹多,所以影响模型强度、硬度和吸浆速度等性能。α-半水石膏是在水蒸气存在条件下加压(0.2~0.3 MPa)蒸煮 3~5 h 而得,其晶粒的孔隙和裂纹极少,而且晶体错综交织成整体,调制石膏浆需水量较少,模型强度高,吸水性能良好。

熟石膏粉的细度、膏水比和凝固速度均对模型强度有一定影响。

石膏浆凝结时间包括初凝时间和终凝时间,除了考虑影响模型强度等性能外还要适应制模时的操作要求。生产上使用的石膏粉由于质量不一或使用条件上的限制,所以必须调节其凝固速度时,可加入硼砂、树胶等以减慢半水石膏的溶解速度或减低其可溶度,从而延缓了石膏浆的凝固速度。也可加入适量的食盐、硫酸钠或掺入少量的二水石膏(前者是增加其可溶度,后者使形成结晶核),以加速石膏浆的凝结;提高水的温度,同样可以提高石膏浆的凝结速度。

无论是在常压下炒制还是加压下蒸煮获得的半水石膏都不可能是单一的 β-半水石膏或单一的 α-半水石膏。炒制工艺和蒸压工艺与 β-半水石膏、α-半水石膏、二水水膏、无水石膏的含量有极大关系。目前测定半水石膏含量的方法是用化学分析得到的 CaO、SO_3 的含量推算出来的,这种方法的误差是很大的。现在有一种新的测定方法,即在炒制好的石膏粉中加入酒精,无水石膏吸收酒精中的水而成半水石膏,随即进行真空处理,把多余的酒精挥发掉,然后称重,增加的质量则为无水石膏吸收水的质量,这样即可确定无水石膏的含量。再加入水,则半水石膏吸收水分而成二水石膏,增加的质量则为半水石膏吸收的水的质量,从而计算出半水石膏质量,但要减去原来无水石膏变为半水石膏的质量,余者为二水石膏质量。

石膏浆有一个显著特点是凝结和硬化时略微膨胀,这对石膏模制造是有利的。

4.8.3　仪器设备

烘箱、天平感量0.1 g、4 mm×4 mm×16 mm三格试条钢模、65目、170目标准筛、KZ—500型电动抗折试验机、标准稠度与凝结时间测定仪(见图4-24)、搅拌翅(见图4-25)、试锥与锥模(见图4-26)、试针与圆模(见图4-27)、玻璃板(20 mm×20 cm)4块、量筒(1 500 mL,1 000 mL,500 mL,100 mL)、不锈钢刀、钢管(内直径5 cm,厚10 cm)、划有直径为6~20 cm的一系列同心圆的纸、秒表。

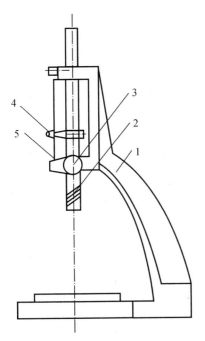

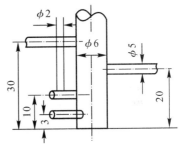

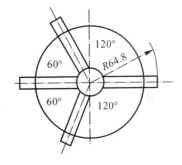

图4-24　标准稠度与凝结时间测定仪图

1—支架；2—稠度试杆；3—紧定螺栓；4—滑动杆；5—示值板

图4-25　搅拌翅

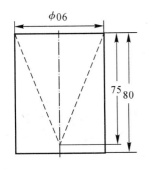

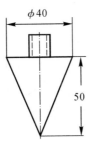

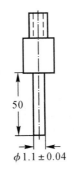

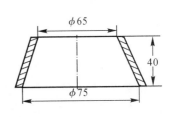

图4-26　试锥和锥模

图4-27　试针和圆模

4.8.4 实验步骤

1. 细度测定

在受检的一批石膏粉中,至少取自 10 个袋中,每袋取样 1 kg,混合后按四分法取样,再将所取之样混合均匀,置于 105～110 ℃的干燥箱中干燥 2 h,放入干燥器中密闭冷却备用。称取 50 g 试样于标准筛内筛分(64 目、170 目),直筛到试样 1 min 通过的物料少于 0.5 g 为止,称取筛上残余物质量。

2. 标准稠度测定

(1)铜管法。测定前应将玻璃板水平压在划有同心圆的纸上(同心圆间距离为 1 cm),把铜管立放在同心圆的圆心上,用笔头沾水润湿铜管壁及玻璃板。称取 300 g 试样,均匀倒入装有标准稠度所需水量的容器内,自上而下搅拌 90 s,立即注入立放在玻璃板上的铜管内,用刀刮平表面,随后垂直向上轻轻抽取铜管(浆体注入至抽起铜管的操作时间不应超过 30 s),浆体形成的锥形圆饼的平均直径约为 12 cm 时为符合要求。若第一次没有达到,可适当改变水量,进行第二次或第三次测定,直至符合要求为止。

(2)沉锥法。

1)标准稠度用水量可用调整水量和固定水量两种方法中的任一种测定。

2)测定前检查仪器金属棒应能自由滑动;试锥降至锥模顶面位置时,指针应对准标尺零点;搅拌机应运转正常。

3)石膏浆可用机械拌和也可用人工拌和。拌和用具先用湿布擦过,将称好的 400 g 石膏粉试样倒入搅拌锅内。拌和水量采用调整水量方法时按经验找水;采用固定水量时用 300 mL(按不同要求的膏水比)。机械拌和时,将锅放在搅拌机上,放下搅拌翅,用拌和铲在石膏粉上划一小坑,将拌和水一次倒入坑内,水量准确至 0.5 mL。用石膏粉将坑盖没,先轻轻拌和,然后在不同方向翻动挤压均匀拌和。从加水起拌和 5 min。

4)拌和完毕,立即将石膏浆一次倒入锥模内,用小刀插捣,振动数次,刮去多余石膏浆,抹平后迅速放到试锥下面固定位置上。将试锥降至浆面,拧紧螺丝,然后突然放松,让试锥自由沉入石膏浆中,到 30 s 时,记录试锥下沉深度。

5)用调整水量方法测定时,以试锥下沉深度(28±2)mm 时拌和水量为标准稠度用水量。

3. 凝结时间测定

(1)初凝时间测定。

1)划痕法。称取按试样稠度计算所需试样质量,均匀倒入装有 100 mL 水的容器内,搅拌 90 s(团块必须搅化),然后在干净玻璃上注成直径为 10～12 cm、厚 0.5 cm 的试饼 3 块,用刀划切试饼,直至划痕两边不再融合即为初凝。从试样倒入容器至初凝所需时间称为初凝时间。

2)沉针法。测定前将圆模放在玻璃板上,调整仪器使试针接触玻璃板时,指针对准标尺零点。以标准稠度用水量制成的石膏浆一次倒入圆模,振动数次,刮平,放在试针下,使试针与浆面接触,拧紧螺丝,然后突然放松,试针自由沉入浆中。由加水调浆时起至试针沉入石膏浆中距底板 0.5～1.0 mm 时所需时间为初凝时间。

(2)终凝时间测定。

1)捺揿法。在测试初凝后的 3 块试样饼上用食指第一节以约 5 kg 的力捺揿至凹印边缘没有水分出现即为终凝。从试样倒入容器至终凝的时间为终凝时间。终凝时间包括初凝时间在内。

2)沉针法。由加水调浆时起至试针沉入浆中不超过 1.0 mm 时,所需时间为终凝时间。

4. 抗折强度测定

(1)2 h 抗折强度测定:试条脱模后,放入密闭容器中,存放 2 h,然后取出按抗折强度测试方法测试。测量出试条折断瞬间的负荷,计算出 2 h 抗折强度。

(2)干燥抗折强度测定:试条脱模后,放入恒温干燥箱中,在(45±3)℃温度下干燥至恒重。取出试条放入干燥器内冷却至室温,按 2 h 抗折强度测定方法测定,并计算抗折强度。

4.8.5　记录与计算

1. 记录

(1)细度测定记录见表 4-25。

表 4-25　细度测定记录

试样名称		测定人		测定日期	
试样处理					
编号	筛目	试样质量 m_0/g	筛上残余物质量 m_1/g	筛余率 W/(%)	备　注

(2)标准稠度测定(铜管法)记录见表 4-26。

表 4-26　标准稠度记录

试样名称		测定人		测定日期	
试样处理					
编号	试样质量 m/g	加水量 V/mL	搅拌时间 /s	操作时间 /s	锥形圆饼直径 /cm	备　注

(3)标准稠度测定(试锥法)记录见表 4-27。

表 4-27　标准稠度记录

试样名称		测定人		测定日期	
试样处理					
编号	试样质量 m/g	加水量 V/mL	搅拌时间 /s	30 s 沉降深度	试锥下沉(28±2) mm 时拌和水量 /mL

(4)凝结时间测定记录。

1)初凝时间测定(划痕法)和终凝时间测定(捺揿法)记录见表4-28。

表4-28　实验数据记录

试样名称		测定人		测定日期	
试样处理					
编号	试样质量 m/g	加水量 V/mL	搅和时间 $/s$	试饼尺寸 $(\Phi \times h)/mm^2$	初凝时间 $/min$	终凝时间 $/min$	备　注

2)初凝时间(沉针法)和终凝时间(沉针法)测定记录见表4-29。

表4-29　实验数据记录

试样名称		测定人		测定日期	
试样处理					
编号	试样质量 m/g	加水量 V/mL	搅和时间 $/s$	初凝时间 $/min$	终凝时间 $/min$

5)抗折强度测定记录见表4-30。

表4-30　抗折强度测定记录

试样名称		测定人		测定日期	
试样处理					
编号	负荷 F_1/N	2 h抗折强度 P_1/MPa	负荷 F_2/N	干燥抗折强度 P_2/MPa	备　注

2. 计算

(1)细度计算

$$W = \frac{m_1}{m_0} \times 100\%$$ (4-73)

式中　W——筛余率,%;

m_0——试样质量,g;

m_1——筛上残余物质量,g。

(2)稠度计算:

$$W = \frac{V\rho}{m} \times 100\%$$ (4-74)

式中　　W——试样稠度,%；

　　　　V——加水量,mL；

　　　　ρ——水的密度,g/mL；

　　　　m——试样质量,g。

(3)抗折强度计算。

$$P = \frac{M}{W} = \frac{\dfrac{FL}{4}}{\dfrac{bh^2}{6}} \times K = \frac{3FL}{2bh^2} \times K \tag{4-75}$$

式中　　P——抗折强度,MPa；

　　　　M——破坏弯曲力矩,N·mm；

　　　　W——阻力力矩,mm³；

　　　　F——断裂负荷,N；

　　　　b——试条宽度,mm；

　　　　h——试条厚度,mm；

　　　　L——两支点间距离,mm；

　　　　K——杠杆的臂比。

因测定是以同样大小的试条在同一仪器上进行的,K,L,b,h 的值均是常数,即 $\dfrac{3FL}{2bh^2} = \dfrac{3 \times 10 \times 50}{2 \times 4 \times 4^2} = 11.7$,故 $P = 11.7$ MPa。

4.8.6　注意事项

(1)调制石膏浆时,不要把水倒入石膏粉中,而必须将石膏粉倒入水中。

(2)调制石膏浆时,膏水比、搅拌时间、测试条件等必须前后一致。

4.8.7　思考题

1.石膏浆凝结时间与石膏模强度的关系怎样?

2.影响凝结时间的因素是什么?

3.如何强化石膏模?

4.9　釉的高温熔体黏度的测定

4.9.1　实验目的

(1)了解釉的高温熔体黏度对陶瓷制品获得平滑光泽的釉面质量的重要作用。

(2)掌握影响釉的高温熔体黏度的因素和采取调节釉的高温熔体黏度的措施。

(3)掌握釉的高温熔体黏度的测定原理和方法。

4.9.2　实验原理

黏度是液体内摩擦的量度,是流体反抗变形的能力,是由流动的液体切向应力所造成的,是指液体流动时,一层液体受到另一层液体的牵制。其力 F 的大小与两层液体之间的接触面积 S 及其垂直流动方向的速度梯度 $\dfrac{\mathrm{d}v}{\mathrm{d}x}$ 成正比,即

$$F = \eta S \frac{\mathrm{d}v}{\mathrm{d}x} \tag{4-76}$$

式中 　η——比例系数,称为黏度或内摩擦力,P(或 $g/cm^2 \cdot s$ 或 $kg/m^2 \cdot s$ 或 $Pa \cdot s$)

　　黏度是指单位接触面积、单位速度梯度下两层液体间的摩擦力。这是牛顿在 1687 年确定的液体黏滞流动的基本定律,它是从分子动力学观点出发,即认为黏度的产生既与分子本身的运动又与分子间的相互作用有关,同时又决定于分子的形式和大小,因此黏滞液体中分子间的相互作用力特别大。当液体为层流时,上述公式才是正确的,在紊流情况下不能采用该公式。对于像玻璃与釉这类复杂的液体来说,黏度的分子理论到目前为止尚未建立。

　　釉的化学成分和温度是影响釉熔体的高温黏度或流动度(黏度的倒数)的主要因素。

　　在不同的温度下,熔体的黏度数值不同,掌握了 η-θ(黏度-温度)关系,就能通过温度的控制来控制黏度,使釉的高温熔体黏度适合于坯釉的工艺要求。釉的高温熔体黏度表征釉在熔融状态下的粘稠性或流动性,釉在高温下的这种粘稠性或流动性与流布均匀光滑平整的釉面质量有密切关系,对于釉与坯相互反应而产生中间反应层从而对坯釉结合强度也有一定影响。

　　釉的高温熔体黏度过大或过小将会导致桔釉和流釉等缺陷,影响釉面质量。

　　测定高温熔体黏度的方法一般有旋转法(转筒法、转球法)、称球法(落球法、升球法)、拉丝法和孔流法等。旋转法可测到 $10^5 \sim 10^6$ P,称球法可测到 $10^4 \sim 10^6$ P。随着组成、温度等的不同,釉的黏度数值能在较大范围内变化,其变化值为 $10^0 \sim 10^{20}$ P,在普通陶瓷烧成温度范围内釉的高温熔体黏度为 $10^0 \sim 10^4$ P。

　　本实验采用升球法,测定温度范围 300～1 400 ℃,测定黏度范围 $10^0 \sim 10^5$ P。升球法是根据斯托克斯公式,有

$$\eta = \frac{2}{9}gr^2\frac{\rho_1 - \rho_2}{V} \tag{4-77}$$

式　η——黏度,P;

　　g——重力加速度,m/s^2;

　　r——白金球半径,m;

　　V——球在熔体中的运动速度,m/s;

　　ρ_1——白金球密度,kg/m^3。

　　ρ_2——试样熔体的密度,kg/m^3。

　　但是斯托克斯定律只是对刚性球体,在范围无限广阔的呈牛顿性层流流体介质中才是正确的,对于有限范围来说,必须考虑有限的边界条件,如容器的器壁和器底带来的误差,因此,提出了修正式,其中之一是

$$\eta = KWt \tag{4-78}$$

式中 　η——黏度,P;

　　W——荷重,N;

　　t——球在熔体中上升单位距离所用的时间,s;

　　K——仪器常数(由球的大小、容器的尺寸等条件所定)。

由于测定温度为 300～1 400 ℃,故球与坩埚的材质均采用铂或铂铑合金制作,因其熔点高且不易与熔体起反应。铂球的直径及其运动速度系根据雷诺数关系式加以考虑,即

$$Re = \frac{vd\rho}{\eta} \tag{4-79}$$

设定球体运动速度 $v = 0.13$ cm/s,球直径 $d = 1.5$ cm,熔体密度 $\rho = 2.6$ g/cm³, $\eta = 10$ P, 则 $Re = 0.05$,不会产生紊流。实际测定中 $\eta > 10^2$ P,因此 Re 会更小。

铂球直径 d 与坩埚直径 D 之比值应小于 1/3,故设定 $d = 1.5$ cm, $D = 5$ cm,坩埚高度可为 6 cm。

4.9.3　仪器设备

升球法黏度计由三部分组装而成,如图 4-28 所示。

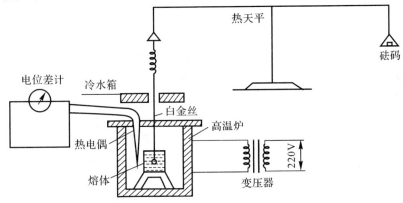

图 4-28　升球法高温黏度测定仪示意图

(1)天平。用于悬挂铂球、放置砝码,使球在熔体中上下运动,采用金属细链将悬丝与天平连接。要求天平臂较长,并有大于 25 mm 的升降距离,其感量为 1 mg。

(2)电炉及控温、测量部分:试样位于天平下部的电炉中加热。根据使用温度范围,电炉可选用镍铬电阻丝、铂铑电阻丝或硅碳棒等发热体。炉身可以上下升降。控温可选用 DWK-702 型温度控制调节器,其控制精度为 ±0.5 ℃,还需配有电位差计测量。选用铂铑热电偶。

(3)测速装置。可选用数字毫秒计或精度为 1/100 s 的秒表。

悬丝直径为 0.3～0.5 mm,长度为 385 mm,材质为铂铑合金,需退火处理,否则刚性过强,使悬丝不易平直。

4.9.4　实验步骤

(1)试样准备。应用本仪器测定熔体黏度时,要预先把釉试样熔制成与坩埚大小形状相仿的试样块(比坩埚内面深度小 5 mm)。试样块要求无气泡、均质,以免影响测量结果。同时试样块(熔块)必须经过适当退火,消除应力,以免炸裂。

(2)检查釉试样块有无灰尘或其他脏物,把灰尘脏物清除干净,放入坩埚中。

(3)把装好试样的坩埚放入高温炉内的坩埚座上,把铂球擦干净吊在铂丝上,挂在热天平左端,使铂球正好对准坩埚中心。铂球与坩埚底要相距 5 mm 左右(不要使铂球碰到坩埚底,也不要离坩埚底太高,要使铂球在熔体中有 30～50 mm 的运动距离)。

(4)把热电偶从炉口插入炉膛与坩埚中部位置接触,然后盖好炉盖。

(5)升温。开始把变压器调到150 V,15 min后才慢慢增大电压。开始升温速度为50 ℃/min左右(若是冷炉子则升温还要慢些),600 ℃以后升温速度可以快些,达到所需要的温度即可调节变压器,使炉内温度恒定,若热电偶所示温度变化在±3 ℃就可以开始记录保温时间了。

(6)恒温。为了使熔体达到均匀,需要一定的恒温时间,保温时间的长短与熔体黏度有关,黏度在 $10^3 \sim 10^4$ P需保温2 h左右,黏度在 $10^1 \sim 10^2$ P时,需要保温0.5~1.0 h。

(7)实验。经过足够的保温时间,且炉内温度恒定就可以开始实验了。首先将一适当质量的砝码,放在天平右端秤盘中使天平达到平衡,然后再加入一定质量的砝码(m);打开天平,这时天平失去平衡,用秒表测出光影在标尺上通过选定距离所需要的时间 t(s),在同一质量(m)下,连续测定数次直至3次读数基本一致。在同一温度下(恒温)做5个点(即在天平右端加上5次不同质量的砝码),保持光影在标尺通过选定的距离时,时间在7~24 s之间。每次测定要相距2 min。

一个样品要做5~6个温度点,各温度点之间的距离可按实际需要来确定。

4.9.5　记录与计算

1. 记录

升球法釉的高温熔体黏度测定记录见表4-31。

表4-31　升球法釉的高温熔体黏度测定记录

试样名称			测定人				测定日期			
试样处理										
编号	测定温度 /℃	荷重 W /N	时间 t/s					黏度 η /P	$\lg\eta$	备注
			1	2	3	4	5			

2. 计算

根据 $\eta = KWt$ 计算各温度点的黏度 η(P),查出 $\lg\eta$ 值,记入表4-31中。

3. 绘制曲线

根据不同温度测得的黏度作出釉的黏度-温度(η-θ)曲线,如图4-29所示。

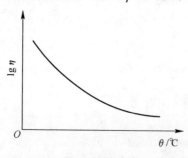

图4-29　釉的黏度-温度关系曲线

4. 仪器常数 K 值的测定

根据斯托克斯定律,$\eta = KWt$,用已知黏度的标准物质如 B_2O_3 做实验。B_2O_3 的温度、黏度数据见表 4－32。

表 4－32　B$_2$O$_3$温度、黏度数据

温度/ ℃	黏度 η/P	黏度 lgη	温度/ ℃	黏度 η/P	黏度 lgη
545	6 770	3.83	747	417	2.62
592	2 460	3.39	815	263	2.42
640	1033	3.14	861	200	2.30
695	759	2.88			

根据实验中的 W 与 t 值即可计算出 K 值。

在一切条件都不变时,一般每年要校正一次 K 值。条件改变了(如换了坩埚,仪器变动位置等),则必须重新测定 K 值。

5. 实验后的清理工作

(1)实验完毕把变压器打回零点,切断电源。

(2)把电位计拨回零点,把标准电池和蓄电池切断。

(3)取出铂球,冷却后浸入氢氟酸溶液中把黏附在铂球上的熔体溶去洗净。

(4)盖好炉盖,以防炉膛炸裂。

(5)清理好一切仪器设备,打扫卫生。

4.9.6　注意事项

(1)铂球偏离坩埚中心不得大于 3 mm。

(2)温度测量的准确性对黏度测定的精度影响很大,尤其在高温时更是如此。测量温度一般采用铂铑-铂热电偶(LB—3 型)配 0.01 级电位差计,以满足测量精度。试样必须处于炉内恒温带内,因热电偶不能插入熔体内部,故测温点必须尽量靠近坩埚并予以固定位置。往往由于测量点变动,致使同一样品两次测定值相差很大。试样在升温过程中有热的传递过程,因此对试样每一测温点应有恒温时间(1 h 左右),使熔体受热均匀,保证测温准确。

(3)某些熔体在测定过程中有气泡发生或结构发生变化,如析晶、分相等,这些都会影响测定结果。

(4)测试用铂球限于氧化气氛中使用。

(5)本仪器除了能测熔体黏度外,还能测定熔体密度,如附加一些装置还能测定熔体表面张力。

(6)如测试精度稍差些,则一般分析天平也可利用,其操作与维修均较旋转法测定高温熔体黏度方便。

4.9.7　思考题

(1)测定釉的高温熔体黏度对陶瓷生产有何实际意义?

(2)如何利用本仪器测定熔体密度?

(3)影响釉的高温熔体黏度测定准确性的因素是什么?

4.10 釉的表面张力测定

4.10.1 实验目的

陶瓷制品的釉面质量既与釉的化学组成、烧成制度有关,又与釉的高温黏度、表面张力有关。如果釉的高温熔体黏度很高,当由重力所引起的流动发生困难时,表面张力就显得特别重要,这时釉表面的平整光滑全靠表面张力的作用。釉的表面张力过大会形成缩釉,釉的表面张力过小会形成流釉。釉的缺陷中如针孔、桔釉等均与釉的表面张力有关。因此,要获得好的釉面质量,就必须严格控制釉的表面张力。由此看来,测定釉的表面张力就显得非常必要了。国内外测定玻璃釉熔体表面张力的方法有缩丝法、吸筒法、坐滴法、滴重法、气泡内最大压力法等。随着时代的进步和科学技术的发展,每种测定方法都在不断改进,新的测定方法也不断出现,这些测定方法的原理是不同的,仪器设备的结构和测量精度也各不相同。

本实验的目的是要了解釉的表面张力与釉面质量的关系以及掌握釉的表面张力的测定原理和方法。

4.10.2 实验原理

表面张力是物体自动由表面向内部收缩之力,是增加单位面积的液体表面所需的可逆功,是液体表面上力图缩小这一表面的力。为了抵抗表面收缩所需加在该表面上的单位长度上的力称为表面张力,单位为达因/厘米(dyn/cm)或牛/米(N/m)。

单一成分的体系表面张力的作用是使表面减到最小,而对于多元成分的体系,则尚有使减小表面张力的那种成分在表面集中的作用,即多元成分体系中按表面张力大小而分层,表面张力小的成分有集肤效应,这种成分在表面集中的作用是通过扩散来达到的,因此多元成分体系的表面张力值有两种,即动力的和静力的,动力的表面张力值是与新形成表面有关的瞬时值,而静力的表面张力值是表面达到平衡状态时的值,一般动力表面张力值高于静力表面张力值。前面谈到的气泡内最大压力法、缩丝法、滴重法属于动力的测定方法,而拉筒法(或吸筒法)和坐滴法则属于静力测定方法。

(1)缩丝法的原理是当釉玻璃丝的中部(釉玻璃丝悬挂着)受热时,先是长度增加,然后收缩球化,直至釉玻璃丝的自重等于釉玻璃的表面张力而达到平衡,此后釉玻璃丝开始伸长,失去平衡。釉玻璃丝自重和表面张力相平衡的截面称为中性面,平衡是指一定温度下的平衡。Tammann用缩丝法对 Jane Gerate 玻璃进行了测量,结果如下:

直径/mm	开始收缩温度 t_1/ ℃	开始伸长温度 t_2/ ℃	σ/(dyn/cm)
0.101	444	547	168.3
0.065	455	552	167.4
0.243	457	560	166.7
0.160	482	592	165.0

(2)拉筒法的原理是当一白金圆筒触及一玻璃液面时,由于熔体表面张力的作用而将白金圆筒吸入,因而要将白金圆筒从熔体中拉出到离开熔体液面时所需要的拉力反映了该熔体表面张力的大小。用测定装置可测出此拉力,并可计算出熔体的表面张力。

(3)最大拉力法的原理是测定当接触角 $\theta=0$ 时,熔体表面张力对铂筒所产生的最大拉力,以此来计算表面张力,这样就可省去测定熔体接触角这一步骤。

(4)坐滴法(或卧滴法)的原理是,将釉玻璃粉做成的圆球放在白金板上加热熔融,然后用投影仪将熔体与白金板之间接触情况投影到毛玻璃片上,用量角器测出其间的接触角 θ,并量出此熔体与白金板接触的宽度及其高度。在一定温度下,熔体与白金板之间的润湿角、接触宽度、高度反映了熔体的表面张力。

(5)滴重法的原理是,从一克服了其表面张力自由下落的熔体液滴的重量来计算表面张力。在一定温度下,反抗表面张力而自由下落的熔体液滴的重量大小反映了表面张力的大小。使熔体成滴的方法:玻璃熔体从容器(如坩埚)底部的孔流出而形成"滴";熔体从一管端流出而成"滴";加热玻璃棒使其熔化而成"滴"。

(6)气泡内最大压力法的测定原理是,在一个浸入液体的垂直毛细管的末端吹成的气泡具有圆球的一部分,在气泡吹出时,最初圆球半径缩小,直到气泡变成半球形然后半径增加。当气泡是半球形时,其半径为最小,即是毛细管的半径,而相应的压力即是最大压力。从气泡内最大压力、毛细管半径、熔体的密度可以计算出表面张力。

上述 6 种表面张力测定方法都是以釉玻璃熔体做实验得出来的。有的釉料单独熔融后和玻璃一样是单相的,但有的釉料配方和玻璃配方毕竟有所不同,因为釉料是要施敷于坯体上的,要从工艺上考虑釉浆悬浮性和黏附性,所以釉和玻璃是不完全相同的。至于釉施于坯体上再烧成那就更复杂了。目前只能把玻璃的表面张力测定法移来用,因为釉和玻璃还是有许多相同之处。

4.10.3　仪器设备

1. 缩丝法

缩丝法测定玻璃表面张力的仪器如图 4-30 所示。仪器的主要部分是立式管状电阻炉 1(带有镍铬绕组),管的内径为 0.5 cm,高 4~5 cm。电炉用金属夹持器 2 悬置于玻璃筒 3 的盖上。玻璃筒是用耐热玻璃(派来克斯玻璃)制造的。使用玻璃筒的目的是使炉内空气对流达到最小,并消除待验玻璃丝 4 的振动;玻璃筒的底部放置硅胶以供吸附水蒸气之用。为了降低热辐射起见,电炉的上下均以耐火熟料塞 5 封塞。塞中有槽供装置热电偶 6、带玻璃丝的金属夹持器 7 之用,玻璃丝的自由端应有 5~6 cm 伸到炉外。用金属夹持器固定玻璃丝的方法如图 4-30 右侧所示。

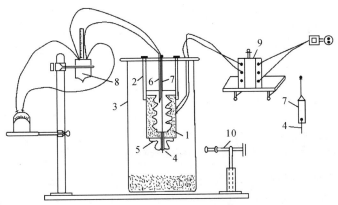

图 4-30　缩丝法测定玻璃表面张力的仪器原理图

热电偶插在炉的最高温度带内,热电偶导线的支线装在杜瓦瓶8中,杜瓦瓶的温度用温度计检验。热电偶的自由端接到检流计上,炉内温度用自耦变压器9来保持到给定的范围内。玻璃丝长度的变化,用读数显微镜10来记录。

2. 吸筒法(拉筒法)

吸筒法测定玻璃熔体表面张力的仪器如图4-31所示。升降式坩埚电炉1的电炉耐火腔高度等于它的直径,即等于10~11 cm。温度用铂—铂铑热电偶及温度控制器控制。仪器上装配有分析天平2。为了预防天平受热,在天平与电炉之间装置一个水冷却器3。天平左臂的盘4上用细的铂丝5悬吊下部开口的圆筒6(高5 cm,内径3.5 cm,壁厚0.15 mm)。在圆筒的上部有许多透气孔。圆筒在电炉中吊在玻璃液之上。玻璃液盛于铂盘7中。天平的右盘8上悬挂着铝制圆筒9。铝筒放在内充80%凡士林油的玻璃瓶10中。利用测量显微镜11来调整无荷载与有荷载天平梁的精确位置。利用调整螺钉12及水准器调节电炉的水平位置。升降式机构13可以使电炉自动升降。图4-31所示为天平梁的最初位置或者零位,此时,铝筒部分浸入凡士林油中,与炉中玻璃液上面的空心铂筒平衡。天平梁的位置用测量显微镜固定,此时,将其上边调整到显微镜目镜上已知分度值的交叉十字线上。测量的精确度达1/1 000 mm。

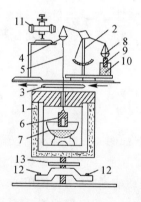

图4-31 铂圆筒内吸法测定玻璃液表面张力用仪器的原理图

在确定天平的零点之后,在其左盘上放质量5 g的荷重,在荷载作用下天平梁的左臂下垂,右臂升起,同时把铝筒从凡士林油中提出一部分。经过一定时间的摇摆后,天平盘便处于新的平衡状态。此后,小心地放下显微镜,重新找出左臂新的平衡始点,使其调整到显微镜目镜的交叉线上。知道平衡点的第一次位置与第二次位置,就可以找出天平梁的下垂值,因此,也就能找出铂筒在荷载下的下垂值。调整无荷载与有荷载天平的平衡是准备阶段,而且是校准仪器必须进行的工作,然后才能进行实验。

3. 滴重法

滴重法测定表面张力的仪器如图4-32所示。仪器的主要部分是电炉1,炉中装配有直径0.5 mm,长约10 m的镍铬绕组。电炉的设计电压为220 V,最高温度为950 ℃,炉中设有礴个水平配置的炉口2,用耐热玻璃板盖。电炉固定在底座3上。

照明器供获得光束之用,其组成为功率60 W以上的灯泡4、聚光镜5、散光暗玻璃6与支架7。支架用夹紧螺钉8固定,可以垂直移动,以供正确调整照明器之用。借固定于支架10上的双凸透镜9可使试体的暗影象放大,支架上装配有调整螺钉11。平面镜12供反射试体13

的像及投影到幕屏 14 之用。平面镜与水平线成 45°角,紧固于支架 15 上。利用调整螺钉 16,可以水平或垂直移动平面镜,而其倾斜角保持不变。仪器的零件安置于铺设有两条金属导轨 17 的工作台上,导轨可以保证整个装置的同心性。

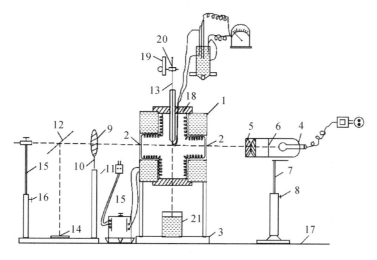

图 4-32　滴重法测定表面张力的仪器原理图

4.10.4　实验步骤

1. 缩丝法

(1)将一定长度与直径的玻璃丝悬垂于电炉中。

(2)在升高温度时,由于热膨胀作用玻璃丝开始伸长,处于炉内高温带的上面的软化部分在表面张力作用下开始缩短,由于收缩结果,在这段玻璃丝上形成了加厚部分。高于此加厚部分的一段玻璃丝,进一步升高温度时因拉力作用而伸长。

在实验时间内,炉的升温速度 1 min 不应超过 3～4 ℃。

(3)在实验结束后,将玻璃丝迅速从炉中取出,并于室温的空气中冷却。

(4)玻璃丝的直径用读数显微镜或测微计每隔 2 cm 长测定一次。

(5)在实验完毕,玻璃丝的上部变形部分用金刚石切去,而下部放在分析天平上称量。

(6)玻璃丝的长度用实验方法确定,因为在软化程度不大时,由于自身重量的影响,玻璃丝会拉得特别长,而其长度也不会明显地缩短。过短的玻璃丝在塑性状态下变为液滴,而且由于重量不够也就不可能抽丝。一般在玻璃丝直径为 0.17～0.27 mm 时,丝长为 100～140 mm,这种丝的平均质量为 0.01 g。

2. 吸筒法

(1)测定玻璃液的表面张力时,应取不含外来杂质的均质玻璃;将玻璃碎块放到铂皿中,并在相应的温度下熔融。铂皿应装玻璃液大约 70%。

(2)按前面所述调整天平到零位,把铂皿中玻璃加热到实验必需温度的玻璃液,置于电炉后利用螺旋式升降机构平稳地升起电炉,直到玻璃液面接触铂筒底部(开口的)为止,此后把电炉固定在固定位置。

(3)在玻璃液的表面张力作用下,铂筒被逐渐吸入一定深度。此时天平的左梁下垂,其位置根据显微镜的瞄准点来固定。经过一定时间间隔后,玻璃液便停止吸入铂筒,而瞄准点占据一定的位置。

3. 滴重法

(1)测定玻璃、釉或搪瓷的表面张力时,可以利用与电炉中心线严格垂直放置的玻璃棒或玻璃丝(长 25~30 cm,直径 1.5~1.7 mm)。试体经过炉顶耐火黏土盖 18(见图 4-32)的中心孔送到炉的空间。炉盖上安有调位器 19,利用调位器可使试体按垂直方向移动。用紧线钳 20 将试体紧固,紧线钳与仪器的调位器相联。电炉的下孔是开着的。

(2)在炉下放有盛变压器油的烧杯 21,玻璃液滴就往此杯中滴入。在炉盖上设有安置热电偶用的沟道。热电偶与检流计或电位计连接在一起。

(3)在测定之前,检查仪器的同心性。为此,应把电炉侧管上的玻璃盖取下,而在透镜与暗玻璃的中心用绘图铅笔打上色点。在按通照明器时,投到幕屏上的色点应该吻合,即处于仪器的光轴上。如幕屏上有两个点,应利用相应的螺钉调节透镜、照明器与平面镜的位置,即调整仪器的同心性。

(4)在幕屏上获得清楚的试体像。移动照明器使之紧接于炉的窥视孔,松弛调整螺钉,围绕着光轴移动灯座联杆,使幕屏视场的照明均匀而明亮。然后,用螺钉把平面镜紧固,移动透镜,即可得到清晰的试体轮廓像。将热电偶的热端与试体并列一起,但玻璃液滴从玻璃棒上脱落时不应触及热电偶。

(5)将电炉加热到给定的温度。利用夹紧装置与调位器把试体一端引入电炉中心,并随着试体的熔融而逐渐向下移动,但此时应保持玻璃棒下端的原始位置。这个位置的选择应考虑到使液滴的形成过程只在玻璃棒的末端进行。玻璃棒放入内径约 4 mm 的瓷管中,瓷管固定于炉盖上。玻璃棒的下端为一段长 1.5~2.0 mm 的裸露部分,即在此段玻璃棒上进行成滴过程。对于每一种类型的玻璃,均应取 2~3 滴。

(6)玻璃液滴从烧杯中取出后,仔细地研细并用分析天平称重。

4.10.5　记录与计算

1. 缩丝法

(1)缩丝法测定记录见表 4-33。

表 4-33　缩丝法测定记录

试样名称			测定人			测定日期	
试样处理							
编号	玻璃的标号	玻璃丝		玻璃丝下部的质量 m/g	实验温度 /℃	测定结果 $\sigma/(\mathrm{dyn \cdot cm^{-1}})$	备注
		长 /cm	平均直径 d/cm				

(2)计算玻璃丝的表面张力为

$$\sigma = \frac{2m}{\pi d}g \tag{4-80}$$

式中　σ——玻璃丝的表面张力,dyn/cm;

　　　　m——玻璃丝下部的质量,g;

　　　　d——玻璃丝的平均直径,cm;

　　　　g——重力加速度,cm/s^2。

用此种方法测定玻璃的表面张力,其精确度为±2%。为了获得测定每一种玻璃表面张力的温度曲线,必须进行三次以上的测定。

2．吸筒法

(1)吸筒法测定表面张力记录见表 4－34。

表 4－34　吸筒法测定表面张力记录

试样名称		测定人			测定日期	
试样处理						

编号	温度/℃	玻璃的密度 $\rho/(g \cdot cm^{-3})$	铂筒的壁厚 b/cm	铂筒沉入玻璃液的深度 h/cm	铂筒的真正周长 L/cm	致使铂筒位移1 cm的质量 m/g	表面张力 $\sigma/(dyn \cdot cm^{-1})$

(2)计算:

$$\sigma = \left(\frac{m}{2L} + \frac{\rho b}{2}\right)hg \tag{4-81}$$

式中　σ——表面张力,dyn/cm;

　　　　m——使铂筒下沉 1 cm 的质量,g;

　　　　ρ——玻璃的密度,g/cm^3;

　　　　b——铂筒的壁厚,cm;

　　　　g——重力加速度,cm/s^2;

　　　　h——铂筒沉入玻璃液的深度,cm;

　　　　L——铂筒的真正周长,cm。

m 值可以根据校准仪器时所得数据确定。假设天平左盘的荷载质量等于 5 g,使天平左梁下沉 0.814 2 cm,则

$$m = \frac{5}{0.814\ 2} = 6.141\ g$$

铂筒的真正周长为

$$L = CL_1 \tag{4-82}$$

式中　L_1——直接测得的铂筒的周长,cm;

　　　　C——校正系数。

铂筒的真正周长(其下部)可用化学纯苯测定,按下列方程式计算,有

$$L = CL_1 = \frac{m_1 h_1 g}{2\sigma_{苯}\cos\theta - bh_1 g\rho_{苯}} \tag{4-83}$$

式中　m_1——使铂筒在苯中位移的质量,g;

$\rho_苯$——苯的密度,0.879 g/cm;

h_1——铂筒浸入苯中的深度,cm;

b——铂筒的壁厚,cm;

$\sigma_苯$——苯的表面张力,dyn/cm;

θ——浸润接触角,(°)。

铂筒真正周长 L 与直接测得的周长 L_1 之间的不一致,是因为极薄的壁筒(0.015 cm)很容易变形所引起的,这样,就导致真正周长的偏差。真正周长应定期检查并应引入相应的校正值。

由于铂很易于浸润玻璃液,浸润接触角可以认为等于零,因此,$\cos\theta=l$,式(4-83)可简化为

$$L = \frac{m_1 h_1 g}{2\sigma_苯 - b h_1 g \rho_苯} \tag{4-84}$$

在测定玻璃液的表面张力值之前,应用苯测定铂筒的真正周长(CL_1)。为此,必须知道苯的表面张力值。苯的表面张力用与玻璃液表面张力相同的测定仪和方法进行测量。不同的是仪器的铂筒不是沉入玻璃液中,而是沉入纯苯中,为此,应预先校准分析天平。方法是在天平的左盘加质量 1 g 的荷重,而不是测定玻璃液用的 5 g。根据这个方法,计算公式中应引入纯苯的表面张力值($\sigma_苯$),见表 4-35。

表 4-35 纯苯的表面张力与温度的关系

温度/ ℃	$\sigma_苯$/ (dyn·cm^{-1})	温度 / ℃	$\sigma_苯$/ (dyn·cm^{-1})	温度 / ℃	$\sigma_苯$/(dyn·cm^{-1})	温度 / ℃	$\sigma_苯$/(dyn·cm^{-1})	温度 / ℃	$\sigma_苯$/(dyn·cm^{-1})
10	30.19	13	29.79	16	29.40	19	29.01	22	28.62
11	30.05	14	29.66	17	29.27	20	28.88	23	28.49
12	29.92	15	29.53	18	29.41	21	29.75	24	28.36

3. 滴重法

(1)滴重法测定表面张力记录见表 4-36。

表 4-36 滴重法测定表面张力记录

试样名称		测定人		测定日期	
试样处理					

编号	棒的直径 d/cm		液滴的平均直径 D/cm		液滴质量 m/g		表面张力平均值 σ/(dyn·cm^{-1})
	平行测定次数	平均值	平行测定次数	平均值	平行测定次数	平均值	

(2)计算滴重法测定表面张力为:

$$\sigma = \frac{mg}{\pi d}\left(1 + \frac{d}{D}\right) \tag{4-85}$$

式中　σ——表面张力,dyn/cm;

　　　m——液滴的质量,g;

　　　d——棒的直径,cm;

　　　D——液滴的平均直径,cm;

　　　g——重力加速度,cm/s^2。

4.10.6　注意事项

(1)铂是很容易变形的,因此在每次试验前都应对铂圆筒进行校正,特别是圆筒下部要求成圆筒形,筒壁必须垂直筒底,校正圆筒必须用专门工具。

(2)用吸筒法或拉筒法测定表面张力时,最好不要在此仪器上的电炉内熔化玻璃,而在另一电炉内在铂皿内熔化玻璃,因为在加热时玻璃块破碎会损坏白金绕组。

(3)测定结束后,将炉子降下,并将白金圆筒从玻璃液中拔出。如试验温度很低,玻璃黏度大,则需要升高温度,然后再拔出圆筒。拔出圆筒后再挂上一白金双锥体,以便测定玻璃熔体的密度。

(4)铂皿、铂圆筒、铂双锥体在炉内完全冷却后取出放在 HF 内清洗或在 Na_2CO_3 和 K_2CO_3 的共熔混合物内熔化掉玻璃(温度为 700~800 ℃),然后再整理好。

(5)用滴重法测定表面张力时一定要仔细检查仪器的同心性。

4.10.7　思考题

(1)测定玻璃釉熔体表面张力有几种方法?试比较之。

(2)用测定玻璃表面张力的方法来测定釉的表面张力,可行性怎样?为什么?

(3)影响釉的表面张力的因素是什么?

(4)试设计一种新的方法以测定釉的表面张力。

(5)测定釉的表面张力有何实际意义?

4.11　釉的熔融温度范围的测定

4.11.1　实验目的

陶瓷烧成工艺要求坯体瓷化釉层玻化,即在坯体烧结成瓷的同时要求釉料熔融成玻璃均匀地敷于坯体上。因而此坯釉的烧成温度或成熟温度必须密切吻合,否则不是坯体生烧釉层未熔好,就是坯体过烧釉层不光,因此了解釉的熔融温度范围关系到陶瓷烧成制度的确定,例如,还原气氛的起始温度与终了温度的确定以及烧成最高极限温度的确定。

本实验的目的是要掌握釉的熔融温度范围的测定原理和方法,为坯釉匹配提供理论依据。

4.11.2　实验原理

釉如同玻璃,没有一个固定的熔点,只能在一个不太严格的温度范围内逐渐软化熔融,变为玻璃态物质。

釉的熔融温度范围一般是指从开始出现液相到完全变成液相的温度范围。但有的把釉粉制成三角锥,在一定的升温速度下测定三角锥开始变形温度到三角锥顶弯倒到水平垫面时的温度定为釉的熔融温度范围。这实际上是不准确的。三角锥倒底温度比釉的熔融温度尚低4～5号三角锥的温度。也有的把釉粉制成 $\phi 3\ mm \times 3\ mm$ 的圆柱体,在高温显微镜中此圆柱体呈现矩形投射截面,加热到直角钝化,变成半球形,然后变成扁平二格到扁平一格。那么釉的熔融温度范围是从直角钝化到半球形,还是从直角钝化到扁平二格或扁平一格?有的认为是前者,有的认为是后者,没有定论。但是实验证明用球化(半球)温度烧成时釉并未熔融到符合要求的程度,必须用扁平二格甚至扁平一格的温度烧成时釉才熔融到符合要求的程度。还有的把釉粉制成 $\phi 3\ mm \times 3\ mm$ 圆柱体,在加热显微镜中看到圆柱体高为 6 格,每格0.5 mm,进行加热后从收缩 1 格到圆角称为软化温度范围,从圆角到半球称为熔融温度范围,从半球到扁平二格或一格称为流动温度范围。

某厂5～3♯釉在高温显微镜中加热($\phi 3\ mm \times 3\ mm$ 圆柱体),结果如下:开始收缩,700 ℃;收缩一格,780 ℃;底角圆,810 ℃;四角圆,820 ℃;圆球,900 ℃;半球,1 000 ℃;收缩三格,1 060 ℃;收缩二格,1 200 ℃。

某研究所滑石釉(含滑石 10%～11%)用同样方法加热,结果如下:开始收缩,1 020 ℃;收缩平,1 080 ℃;开始圆角,1 170 ℃;圆角,1 190 ℃;半球,1 320 ℃;扁平二格,1 350 ℃;实际生产要烧到 1 350 ℃才能熔好发亮。由此看来,釉的熔融温度范围应是半球到扁平二格。

直角开始钝化时的温度应为釉的始熔温度。

正确控制釉的熔融温度,对釉面质量和釉的物理化学性质也有相当影响。烧成时的火焰性质影响釉的熔融温度范围。

4.11.3　仪器设备

SCN 型高温显微镜(见图 4-33)、高温电炉(1 350 ℃以上)、筛子(100 目)、玻璃板、金属模具(制 $\phi 3\ mm \times 3\ mm$ 小圆柱体用)、氩气瓶(钼丝炉要用氩气气氛,以防氧化)、氩气连接线路图(见图 4-34)、砂纸、糊精。

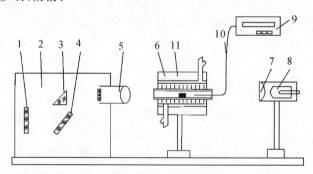

图 4-33　SCN 型高温显微镜示意图

1—投影装置;2—投影屏;3—棱镜;4—平面反射镜;5—镜头;6—钼丝炉;

7—聚光镜片;8—光源灯泡;9—毫伏温度计;10—热电偶;11—试样

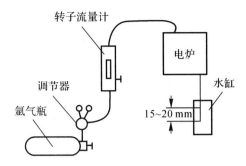

图 4 - 34　氩气连接线路图

4.11.4　实验步骤

(1)被测釉粉(烘干)加含有糊精 20% 的溶液适量,混合成干压粉料。

(2)用加热显微镜(高温显微镜)附带的金属模具压制成小圆柱体试样。

(3)试样干燥和修整。

(4)将试样和热电偶一同装入加热显微镜(高温显微镜)的管式炉中。

(5)在加热过程中将光源射入管式炉内,而在另一端则在熔融情况下不断用显微镜观察或进行照相。

(6)当小圆柱体熔融与托板平面成半圆球或扁平二格时,称为熔融温度范围。

(7)实验结束后,断开电源,按操作规程将仪器恢复正常。

4.11.5　记录与计算

1. 记录

釉的熔融温度范围测定记录见表 4 - 37。

表 4 - 37　釉的熔融温度范围测定记录

试样名称		测定人		测定日期	
试样处理					
编号	试样开始收缩温度 / ℃	试样开始圆角温度 / ℃	半球温度 / ℃	扁平两格温度 / ℃	备　注

根据照相所得实验图形与对应温度确定釉料的熔融温度范围。

2. 计算:

应用经验公式计算釉的始熔温度与小圆柱体直角钝化温度对照,有

$$t_{始熔} = \frac{360 + W_1 - W_2}{0.228} \tag{4-86}$$

式中　W_1——釉料中 R_2O_3 和 RO_2 总量为 100% 时,R_2O_3 所占的百分含量,%;

　　　W_2——釉料中 R_2O_3 和 RO_2 总量为 100% 时相应带入其他熔剂(RO 和 RO_2)的百分含量,%。

4.11.6 注意事项

(1)每次平行试验试样不得少于2个。

(2)试样尺寸要标准,质量要一致。

(3)升温速度要符合规定要求,并且每次实验升温速度要求一致。

(4)试样和热电偶放入炉中的位置要固定。

4.11.7 思考题

1. 如何定义釉的熔融温度范围?

2. 如何规定釉的熔融温度范围?

3. 釉的熔融温度范围在陶瓷生产工艺上有何重要意义?

4. 从小圆柱体的球化扁平情况如何判断此种釉料的熔融程度?

4.12 坯釉应力的测定

4.12.1 实验目的

陶瓷坯体表面一般要施上一层釉,少数有特殊目的要求的也有不施釉的。施有釉的陶瓷,由于坯釉的化学组成、酸碱性和物相结构不同,所以导致热膨胀系数差异。由于坯与釉的热膨胀系数不同,所以当烧成后冷却过程中在坯与釉之间会出现应力,这种应力会引起釉层开裂或剥离。

在进行坯釉料配方设计、寻求釉层龟裂或剥离的原因以及提高机械强度等性能时都要对坯釉间存在的应力进行测定,并且要求知道釉层是受压应力还是张应力,以便调整坯釉料配方,解决釉层质量问题。

本实验的目的是要掌握施釉陶瓷制品坯釉应力的测定原理和方法。

4.12.2 实验原理

坯釉应力的产生主要是由于坯与釉的热膨胀系数的差异所引起的。釉层中存在着过大的应力将出现釉面裂纹、釉层剥落和产品变形等缺陷。

与坯胎比较,釉层的抗张强度更低,因此釉层宜受压应力而不宜受张应力。

影响坯釉适应性的因素可能是多方面的。坯釉膨胀系数的差异是影响坯釉适应性的一个方面,一般搞坯釉配方设计均要求釉的热膨胀系数略低于坯的热膨胀系数。低多少要看需要与可能,一般低$(1\sim2)\times10^{-6}/$℃。可是有的坯料如堇青石质瓷和锂辉石质瓷的热膨胀系数均很低,要设计一种适应此种坯料的釉料(正釉)是非常困难的。坯釉反应中间层、釉层厚度、釉的弹性模量和抗张强度等均对坯釉适应性有不同程度的影响。

坯釉应力的测定是在一个素烧陶瓷试条的中间平坦较薄部分的一面施上釉,置于管式电炉中加热,试条的一端固定,由于坯釉的热膨胀系数不同而产生应力,并发生正反弯曲(即向上弯曲或向下弯曲),触键把这种向上或向下弯曲的运动通过杠杆系统扩大25倍,传递到记录圆筒上。

加热试条的管式电炉的热功率约为1kW,温度是用热电偶指示的(镍铬-镍),测定温度范围为 20~1 000 ℃。

为了控制电炉的冷却时间,在仪器的侧面装有 1 台通风机,可以把电炉中的热气抽出来,进行快冷。

记录圆筒上的有效纵座标高度为 180 mm,它由同步电机带动(220 V/50 Hz,6.6 h/1 周)。松动边缘螺丝帽以后,记录圆筒可以升起。

由试样的弯曲方向和弯曲程度可以判断坯釉间的应力性质和差异程度。试样的最大弯曲量为 7 mm。

温度指示钮可将温度的刻度作为横座标值表示在记录下来的曲线中,从而可以直接得到温度-弯曲程度特性曲线。

杠杆系统是一种敏感的精细的机械装置,要防止强烈振动,以免损伤。

试条的未固定端 P 点向上下弯曲是绕固定点 D 移动的,其弯曲量数值反映到 P 点上,P 点向上或向下弯曲 1 mm,通过杠杆系统传递到记录圆筒上即扩大了 25 倍,其换算公式为

$$\frac{P\text{ 点的弯曲量}}{\text{自动记录的高度}} = \frac{1}{25}$$

4.12.3　仪器设备

405 型坯釉应力测定仪。

试条尺寸:(264~268) mm×(16~26) mm×(6.5~11) mm,中间上釉部分厚度 3.0~6.5 mm,长度 85.6~90.0 mm。

4.12.4　实验步骤

(1)用所要测定的坯釉料按尺寸要求制作试条(模印或其他方法成型),并干燥到入窑水分<1%。

(2)检查仪器设备,调水平。

(3)把由本坯泥制作素烧后在规定部位施釉的试条固定在试条夹上。

(4)插好热电偶。

(5)接上电源,开始加热升温。

(6)注意温度表及记录圆筒上的曲线记录。

(7)当温度升到 1 000 ℃并保温 2 h 后即将电源断开。

(8)自然冷却或打开通风机加速冷却。

(9)温度降到 550 ℃时关掉通风机,进行自然冷却。

(10)温度降到室温或接近室温时即可取出试条和记录纸。

4.12.5　记录与计算

1. 记录

坯釉应力测定记录见表 4-38。

表 4 - 38　坯釉应力测定记录

试样名称		测定人		测定日期	
试样处理					

编号	记录纸横坐标值 θ / ℃	记录纸纵坐标值 h /mm	t/h	Δt/min	I/A	ΔL/mm	备注

表中: θ——在温度指示仪表上读的温度, ℃; t——时间, h; Δt——从一次温度读数到另一次温度读数的时间, min; I——电炉电流, A; ΔL——弯曲度, mm。

2. 计算

试样弯曲度为

$$\Delta L = \frac{h}{50} \text{ mm}$$

从试样弯曲方向和弯曲程度分析确定釉是受压应力还是张应力, 是正釉还是负釉。

4.12.6　注意事项

(1)试条放在卧式电炉中时要居中, 上下左右到炉管壁间隙一致, 不要碰到炉管壁。

(2)热由偶插入炉内并靠近试条侧面, 不要放在试条上面或下面, 以免妨碍试条弯曲。

(3)试条施釉的一面朝上。

(4)实验进行中, 要保持仪器设备稳定, 不要碰撞振动, 以免试条变形影响杠杆系统、记录系统的准确性。

(5)通风机只用于冷却。

(6)热电偶不要与炉管壁撞触(约保持 5 mm 距离), 以免造成温度误差。

(7)杠杆系统的轴承要上润滑油(钟表油), 这时可将外套在松开边缘螺丝后向上移开。

4.12.7　思考题

1. 影响坯釉应力测定的因素是什么?

2. 影响坯釉应力的因素是什么? 如何消除坯釉应力?

3. 坯釉应力能提高强度吗? 为什么?

4. 坯釉应力有两重性, 如何解释?

5. 根据测定结果如何调节坯釉配方和工艺控制?

6. 试设计一个新的实验方案, 以测定坯釉应力。

4.12.8　测定坯釉应力的其他方法

测定坯釉应力还有其他方法, 如坩埚法、高压釜法、应力环法和音叉法等。

坩埚法: 把需要测定坯釉应力的坯料制成薄壁坩埚, 焙烧后加以仔细检查, 当没有看得见的裂纹时(目检), 撒入干釉料至坩埚的一半, 把盛有釉料的坩埚放在电炉中或生产用窑炉中烧成。冷却后坩埚表面没有发现破隙或裂纹, 釉层上也看不出裂纹, 这就说明坯釉比较适应。如出现裂纹或破隙, 则说明坯釉的适应性不好。

注意：本坯泥做的坩埚要厚薄均匀，表面状态一致，撒入坩埚的釉料要定量。

高压釜法：把施有釉层的试样放在试验炉或生产窑中焙烧成瓷，经检验无缺陷的试样放入试验室用的高压釜中，在 350 kPa 水蒸气压力下处理 1 h 后放入流动的水中冷却（水温 17～20 ℃）。蒸压和冷却试验一直进行到施有釉层的表面有了碎釉或釉质从坯体上剥落时为止，以没有出现裂纹或剥落现象的循环次数来表征釉层与坯体之间的应力及适应性。

注意：每一循环的升压速度、充蒸气速度以及放入冷水中的时间等都要规定一致。

4.13　耐火度的测定

4.13.1　实验目的

(1)了解和掌握陶瓷材料耐火度的测定原理和方法。

(2)了解影响陶瓷材料耐火度及其测定的各种因素。

(3)了解测定陶瓷材料耐火度的实际意义。

4.13.2　实验原理

陶瓷材料抵抗高温作用而不熔融的性质称为耐火度。耐火度是由规定尺寸和形状的试体以一定升温速度加热而测定的。标准的截头三角锥高 30 mm，下底边长 8 mm，上底边长 2 mm，这就是"试锥"。试锥在高温作用下逐渐软化，并随其中生成的液体黏度的减小，试锥由于自身重力作用而向下弯倒并触及底座。将试锥弯倒瞬间的温度，即试锥弯倒顶端触及底座的瞬间温度，取作陶瓷材料的耐火度或软化温度（假定"熔点"）。

配制试锥的化学矿物组成相互作用情况和所出现液相的黏度大小以及加热升温速度均同试锥的弯倒温度有关。试锥在较低温度下长时间保温，其软化程度与迅速加热升至较高温度时所产生的结果相同，所以，耐火度的测定即试锥软化弯倒温度的测定，是有条件的。既然试锥的弯倒温度是有条件的，就不能用光学高温计直接来测定耐火度，而必须与用标准测温锥测得的弯倒温度进行比较。耐火度系用与试锥同时弯倒的标准测温锥号数来表示。

影响陶瓷材料耐火度的因素可分为以下两类：

(1)同测试材料性质有关，如陶瓷材料的化学组成及矿物组成、晶相及玻璃相组成、粒径大小及含量以及粒度分布等。

(2)同测试条件和方法有关，如制备试样试锥时、原料的粉碎方法及细度、试锥的形状尺寸、安置方法（倾斜程度）、加热升温速度、炉中气氛性质等。

试锥在陶瓷材料一定黏度值的范围内发生弯倒，所以，即使对纯晶态材料而言，被测得的耐火度也不会和它的熔点相符合。

试锥高度与底边长的比例对耐火度有强烈的影响。高度越高、底边长越小的试锥其弯倒温度越低。试锥尺寸不同而几何形状相同，则其顶点在同一温度同一时间弯倒。因此，在测定耐火度时，必须特别注意试样形状的准确性。

4.13.3　仪器设备

竖式碳粒电阻炉（附变压器）：炉管内径应不小于 65 mm，安放耐火底座的耐火支柱应能回转(1～3 r/min),并可上下调动,以保证试锥底座的四周温度均匀。加热炉应能按规定的升温速度均匀升温至试锥的弯倒温度,同时炉内应能保持中性或氧化气氛。

试锥成型模具、耐火底座(见图 4 - 35)、石棉手套、糊精、光学高温计、看火眼镜、时钟、小刀、铁钳。

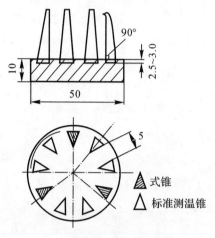

图 4 - 35　耐火底座示意图

4.13.4　实验步骤

(1)试锥制备。按规定取样制备试锥。黏土或雷蒙混合粉加适量水(半干压粉)拌和均匀,稍加陈腐,在金属模中压制试锥(高 30 mm,下底边长 8 mm,上底边长 2 mm,其中一棱垂直于底边),并注意成型时在锥面上不允许沾染杂质。试锥在模中取出后,烘干备用。

(2)将试锥与标准测温锥一起插在由高铝矾土制成的耐火底座上的预留孔穴中,所有试锥与标准测温锥与底座中心的距离要一致,且彼此间距不小于 5 mm。插标准测温锥时要使有号码的锥面对向底座中心,而与该面相对的棱垂直于底座平面(插试锥时也须如此)。插入深度不超出 3 mm,并用细矾土粉加糊精做成胶黏剂,将锥固定在底座上。

(3)已装好试锥的底座放入炉中最高温度区域的中心部分,底座需保持水平且不与炉膛接触。

(4)加热时,1 000 ℃ 以下可以不用控制升温速度;1 000～1 500 ℃,1 min 升温 10～15 ℃;1 500 ℃ 以上,1 min 升温 5 ℃,5 min 测量一次温度(用光学高温计)。两个邻号标准测温锥熔倒时间应相差 5 min。在加热过程中炉内工作部分截面温差不超过 10 ℃,炉中气氛应保持中性或氧化气氛。试锥需连续入炉测定时,应先在炉内温度较低部分预热,底座放入炉中时炉温应不超过 1 000 ℃。

(5)测定试锥耐火度所选定的标准测温锥,应包括相当于被测试锥的估计耐火度的标准测温锥号数,以及高 1 号数和低 1 号数的标准测温锥号数。

(6)所测试锥弯倒后即可停止加热,把试锥连底座一起取出,待冷却后记录其弯倒情形。若试锥有下列缺陷时,则实验应重做。

1)四周温度分布不均匀:试锥与标准测温锥的熔倒不是对准外边倒下,底座四周呈现温度不均匀的颜色。

2)试锥上下温度不均匀:试锥的熔倒不正常,如仅尖端熔融或下部较上部熔融更为强烈等。

3)试锥起泡或收缩;试锥弯倒后,锥表面有棕色斑点。

4.13.5　记录与计算

1. 记录

耐火度测定记录见表 4 - 39。

表 4 - 39　耐火度测定记录

试样名称				测定人				测定日期				
试样处理												
编号	时间		电流 /A	电压 /V	温度/℃		试锥与标准测温锥连续弯倒情况								
	/h	/min			测试过程	试锥过程	1	2	3	4	5	6	7	8	9

2. 计算

试锥与标准测温锥的顶端同时弯倒接触底座时,则以此标准测温锥的号数表示试锥的耐火度。而在某些情况下,试锥的弯倒程度介于两个相邻的标准测温锥之间,用这两个标准测温锥号数表示试锥的耐火度并顺次记录之,例如 SK31~32 或 WZ169~171。

4.13.6　注意事项

(1)生料试锥因受热发生奇异变形而致使弯倒不正规时,则需将生料试样预烧(一般在 950~1 000 ℃下焙烧 1 h,特殊情况例外),然后按照上述规定制备试锥,再重做测定。

(2)不得重复使用在试验时尚未弯倒的标准测温锥及试锥。

(3)温度升到 1 300 ℃以上,由于某种原因致使试验中断时,不得重新使用这次测试中曾用过的试锥及标准测温锥。

(4)试锥与标准测温锥的总数一般不超过 6 个。进行大批生产检验时,允许将试锥增至 6 个,因而连同 3 个标准测温锥共 9 个,插锥底座的直径可由 40 mm 增至 50 mm,每隔 2 个试锥安放一个标准测温锥。

(5)本测定方法的复测误差不得超过半个锥号的温度。

4.13.7　思考题

1. 测定耐火度的实际意义是什么?

2. 影响陶瓷材料耐火度和耐火度测定的因素各是什么?

3. 为什么不能用光学高温计直接测定耐火度?

4. 怎样区别耐火度、软化点、始熔点和熔融温度?

4.14 干燥灵敏性系数的测定

4.14.1 实验目的

(1)了解黏土或坯体在干燥过程中的收缩性质,以便根据不同性质的黏土或坯体而采用不同的干燥制度。

(2)了解黏土或坯体在干燥收缩阶段,在确定的干燥速度下生成裂纹的倾向。

(3)掌握干燥灵敏性系数的测定原理和方法。

4.14.2 实验原理

黏土或坯体在自然干燥过程中,机械水的排除产生了收缩和造成孔隙,这种体积收缩和孔隙率之比值称为干燥灵敏性系数或干燥灵敏指数。仅用干燥收缩率并不能表明黏土或坯体在干燥过程中的行为特征,而用干燥体积收缩和干燥状态试样的真孔隙率之比值来表示黏土或坯体在干燥过程中的行为特征更为真切。这个比值越大则说明此种黏土或坯体的干燥灵敏性越大,而生成裂纹的倾向性也越大。

干燥灵敏性系数与黏土或坯体的收缩率、可塑性、矿物组成、分散度、被吸附的阳离子的性质和数量等有关。

干燥灵敏指数是表征坯体或黏土干燥特性的主要指标之一。根据干燥灵敏指数的大小,可把黏土分为以下 3 种类型:

$$\begin{cases} 安全的, & 干燥灵敏指数 \leqslant 1 \\ 较安全的, & 干燥灵敏指数\ 1\sim 2 \\ 不安全的, & 干燥灵敏指数 \geqslant 2 \end{cases}$$

随着黏土性质、坯料配比以及加工方法等不同其干燥灵敏指数亦各异。测定某一黏土或坯料,用既定加工方法条件下的干燥灵敏指数鉴定黏土或坯料的干燥性能,仍然具有实际意义。

4.14.3 仪器设备

抽真空装置、天平(感量 0.001 g 和 0.01 g 各 1 台)、烘箱、铝质碾棒、切试样工具、玻璃板、丝绸布、搪瓷杯、调泥刀。

4.14.4 实验步骤

(1)试样制备:按规定方法进行取样和粉碎的试样约 400 g,置于调泥容器中,逐渐加水拌至正常操作水分,充分捏练后,盖好陈腐 24 h 备用。也可直接取用经真空练泥机捏练的泥料。

(2)取制备好的或生产上用的塑性泥料 500 g,放在铺有湿绸布的玻璃板上,上面再盖上一层湿绸布,用专用铝质碾棒,轻缓地有规律地进行碾滚。每碾滚 2~8 次更换碾滚方向一次,使各方向受力均匀一致,最后用碾棒把泥块表面轻轻滚平,然后用特制的切试样工具切成50 mm ×50 mm×10 mm 的试块(不少于 5 块),用专用的脱模工具小心地将试块脱出,置于垫有薄纸的玻璃板上并压平编号。

（3）把制备好的试样当即用天平迅速称取质量，准确至 0.005 g，然后放入火油中称取在火油中的质量，取出再称其饱吸火油后在空气中的质量，然后放在垫有薄纸的玻璃板上，在温度湿度变化不大的条件下进行阴干，阴干过程中应注意翻动，以不使试样紧贴玻璃板，妨碍自由收缩。3d 以后开始称其质量，以后每隔一天称量一次，至前后两次称量差不大于 0.01 g 为止（称量时应将灰尘等吹去）。

（4）把恒重后的试样，放入抽真空设备中，在相对真空度不小于 95% 的条件下，抽真空 1 h，然后加入火油（至高出试样 5 cm 为止），再抽真空 1 h（或者直接将恒重后的试样放在火油中浸泡 24 h），称取其在火油中的质量和饱吸火油后在空气中的质量（称量时用经火油润湿的绸布抹去多余的火油）。

4.14.5　记录与计算

1. 记录

干燥灵敏指数测定记录见表 4-40。

表 4-40　干燥灵敏指数测定记录

试样名称				测定人			测定日期		
试样处理									
编号	湿　试　样				干　试　样				干燥灵敏指数 K_η	备注
	空气中质量 m_0 /g	火油中质量 m_1/g	饱吸火油后在空气中质量 m_2/g	体积/cm³ $\left(V_0 = \dfrac{m_1 - m_2}{\rho}\right)$	空气中重 m_3/g	火油中质量 m_4/g	饱吸火油后在空气中质量 m_5/g	体积/cm³ $\left(V = \dfrac{m_4 - m_5}{\rho}\right)$		

2. 计算

干燥灵敏指数为

$$K_\eta = \frac{V}{V_0\left(\dfrac{m_0 - m_3}{V_0 - V} - 1\right)} \tag{4-87}$$

式中　K_η——干燥灵敏指数；

V_0——湿试样体积，cm³；

V_3——干试样体积，cm³；

m_0——湿试样在空气中质量，g；

m_3——风干试样在空气中质量，g。

干燥灵敏指数的数据应精确到小数点后一位。用于计算平均值的数据，与全部数据平均值的绝对误差应不大于 ±0.1。每次测定需平行测定 5 个试样，用于取平均值的数据应不少 8 个，其中 2 个以上超过上述误差范围时应重新进行测定。

4.14.6　注意事项

（1）碾滚试样时应尽量做到受力均匀一致，试样应放在垫有薄纸的光滑玻璃板上，阴干过程应注意翻动。

(2)取样和制作试样时要做到条件相同。

(3)测量干湿试样体积和质量时一定要力求准确,否则干燥灵敏性系数就不准确。

4.14.7 思考题

1. 影响干燥灵敏性系数的因素是什么?

2. 干燥灵敏性系数与可塑性、收缩率等工艺性能有何联系?

3. 测定黏土或坯料的干燥灵敏性系数有何实际意义?

4.14.8 附录

干燥灵敏性系数公式推导如下:

$$K_\eta = \frac{V}{V_0 \left(\dfrac{m_0 - m_3}{V_0 - V} - 1 \right)} = \frac{V}{\dfrac{V_0}{V_0 - V}(m_0 - m_3 - V_0 + V)} = \frac{\dfrac{V}{V_0}(V_0 - V)}{m_0 - m_3 - (V_0 - V)} =$$

$$\frac{\dfrac{V_0}{V_0 - V}}{\dfrac{m_0 - m_3 - (V_0 - V)}{V}} = \frac{\text{干燥收缩体积}}{\dfrac{\text{孔隙体积}}{\text{总体积}}} = \frac{\text{干燥收缩体积}}{\text{孔隙率}}$$

4.15　烧结温度与烧结温度范围的测定

4.15.1 实验目的

(1)掌握烧结温度与烧结温度范围的测定原理和方法。

(2)了解影响烧结温度与烧结温度范围的复杂因素。

(3)明确烧结温度与烧结温度范围对陶瓷生产的实际意义。

4.15.2 实验原理

陶瓷坯体在烧结过程中,要发生复杂的物理化学变化,如原料的脱水、氧化分解、易熔物的熔融、液相的形成、旧晶相的消失、新晶相的生成以及新生成化合物量的不断变化,液相的组成、数量和黏度的不断变化。与此同时,坯体的气孔率逐渐减少,坯体的密度不断增大,最后达到坯体气孔率最小、密度最大时的状态,称为烧结。烧结时的温度称为烧结温度。若继续升温,升到一定温度时,坯体开始过烧,这可以试样过烧膨胀出现气泡、角棱局部熔融等现象来确定。烧结温度和开始过烧温度之间的温度范围称为烧结温度范围。

烧结温度范围是坯料的重要性能之一,它对鉴定坯料在烧成时的安全程度、制定合理的烧成升温曲线以及选择窑炉等均有重要参考价值。为了决定最适宜的烧成制度,必须知道坯料的烧结温度与烧结温度范围这两个重要工艺特性。

本实验是将试样在各种不同温度下焙烧,然后根据不同温度焙烧的试样外貌特征,如气孔率、体积密度、收缩率等数据绘制气孔率-温度曲线、收缩率-温度曲线,并从曲线上找出气孔率到最小值(收缩率最大值)时的温度,称为烧结温度;自气孔率最小值(收缩率最大值)到气孔率开始上升(收缩率从最大值开始下降)之间的一段温度称为烧结温度范围。

烧结温度与烧结温度范围的测定可以在电炉中进行,但多次打开炉门取样时一方面影响升温,另一方面在高温下出炉时试样会炸裂,所以有的在梯度炉内进行此项测定。梯度炉是卧式管形炉,由于加热电阻丝的功率不同,梯度炉内的温度可以从低温到高温,而且可以预先把此梯度炉分段温度测出来,绘成梯度炉温度曲线。测定烧结温度范围时把试样摆在高铝瓷托管上,然后把托管伸进梯度炉内,这时在整个梯度炉内都有试样。在梯度炉的中间和两端安装有几根热电偶,加热时一般以中间那根热电偶符合规定温度即可停电。自然冷却后,取出高铝瓷托管,按照试样编号,逐个测定吸水率、气孔率、收缩率,则可把烧结温度和烧结温度范围定下来。

4.15.3　仪器设备

小型真空练泥机(立式或卧式)、高温电炉或梯度电炉(最高温度不低于 1 400 ℃)、取样铁钳、高铝瓷托管、抽真空装置、天平(感量 0.001 g)、干燥器、烧杯、火油、金属网、纱布、石英粉或 Al_2O_3 粉。

4.15.4　实验步骤

(1)试样制备。将制备好的泥浆或压滤后的滤饼,经真空练泥机挤制成直径 12 mm 试条,阴干发白后入烘箱内干燥,然后用锯条截成 ϕ12 mm×30 mm 或 ϕ23 mm×15 mm 的试样,并修整编号,放入烘箱内在 105～110 ℃下烘至恒重,在干燥器内冷却至室温备用。

(2)在天平上称取干燥后的试样质量。

(3)称取饱吸火油后在火油中试样质量,饱吸火油后在空气中试样质量(试样饱吸火油的方法同干燥体积体收缩和干燥气孔率测定)。

(4)将称好质量的试样放入 105～110 ℃烘箱内排除火油,直至将试样中的火油排完为止。

(5)按编号顺序将试样装入高温炉中,装炉时炉底和试样之间撒一层薄薄的煅烧石英粉或 Al_2O_3 粉,装好后开始加热,并按升温曲线升温,按预定的取样温度取样:

升温速度:室温～1 100 ℃,100～150 ℃/h;1 100 ℃～烧成停炉,50～60 ℃/h。

取样温度:300～900 ℃,每隔 100 ℃取样 3 个;900～1 200 ℃,每隔 50 ℃取样 3 个;

　　　　　1 200 ℃～烧成停火,每隔 20～10 ℃取样 3 个。

(6)每个取样温度点保温 15 min,然后从电炉内取出试样迅速埋在预先加热的石英粉或 Al_2O_3 粉内,以保证试样在冷却过程中不炸裂。冷至接近室温后,将试样编号,取样温度记录于表中。将焙烧过的试样,用刷子刷去表面石英粉或 Al_2O_3 粉(低温烧后的试样用软毛刷),检查试样有无开裂、黏砂等缺陷,若无,放入 105～110 ℃烘箱中烘至恒重,然后放入干燥器内,冷却至室温。

(7)将试样分成两批,900 ℃以下为第一批,测定其饱吸火油后在火油中质量及饱吸火油后在空气中质量;900 ℃以上的试样为第二批,测定其饱吸水后在水中质量及饱吸水后在空气中质量。

4.15.5 记录与计算

1. 记录

烧结温度与烧结温度范围测定记录见表 4-41。

表 4-41　烧结温度与烧结温度范围测定记录

试样名称			测定人			测定日期	
试样处理							

干燥试样					烧后试样										
编号	空气中质量 m_0	饱吸火油		体积 V_0/cm^3	气孔率 /(%)	编号	取样温度 /℃	空气中质量 m_3/g	饱吸火油(水)		体积 V/cm^3	收缩率 /(%)	体积密度 /(g·cm⁻³)	吸水率 /(%)	气孔率 /(%)	失质量 /(%)
		火油中质量 m_1/g	空气中质量 m_2/g						火油(水)中质量 m_4/g	空气中质量 m_5/g						

2. 计算：

$$V_0 = \frac{m_2 - m_1}{\rho_{油}} \qquad (4-88)$$

$$V = \frac{m_5 - m_4}{\rho_{水}} \qquad (4-89)$$

$$干燥气孔率 = \frac{m_2 - m_0}{m_2 - m_1} \qquad (4-90)$$

$$烧后气孔率 = \frac{m_5 - m_3}{m_5 - m_4} \qquad (4-91)$$

$$烧后体积密度 = \frac{m_3}{\dfrac{m_5 - m_4}{\rho_{水}}} \qquad (4-92)$$

$$烧后体积收缩率 = \frac{V_0 - V}{V_0} \times 100\% \qquad (4-93)$$

$$烧后吸水率 = \frac{m_5 - m_3}{m_3} \times 100\% \qquad (4-94)$$

$$烧后失重 = \frac{m_0 - m_3}{m_0} \times 100\% \qquad (4-95)$$

式中　m_0——干燥试样在空气中质量；

　　　　m_1——干燥试样饱吸火油后在火油中质量；

　　　　m_2——干燥试样饱吸火油后在空气中质量；

　　　　m_3——烧后试样在空气中质量；

　　　　m_4——烧后试样饱吸火油(水)在火油(水)中质量；

m_5——烧后试样饱吸火油在空气中质量；

$\rho_水$——水的密度（室温下）；

$\rho_油$——火油的密度（在室温下）；

V_0——干燥试样体积；

V——烧后试样体积。

按上述公式计算出各温度点的结果后，用坐标纸以温度为横坐标，气孔率和收缩率为纵坐标，画出气孔率曲线和收缩率曲线，并从曲线上确定烧结温度和烧结温度范围。

4.15.6　注意事项

(1)制备试样用的泥料不允许有气孔等缺陷。

(2)从电炉中取出试样必须保证不炸裂。

(3)一般用体积密度、体积收缩率、吸水率三者来确定烧结温度及烧结温度范围，有时也加失重百分率一项。

(4)本测试方法同样也适用测定黏土的烧结温度范围。

4.15.7　思考题

1. 坯料在焙烧过程中的收缩率曲线、气孔率曲线、失重曲线等对拟定坯料的烧成温度曲线的重要性。

2. 如何根据收缩率曲线和气孔率曲线来决定坯料的烧结温度范围？

3. 如何从外貌特征来判断坯料的烧结程度及原料的质量？

4. 烧结温度与烧结温度范围在陶瓷工艺上有何重大意义？影响黏土或坯料烧结温度与烧结温度范围的因素是什么？

第5章　陶瓷材料理化性能实验

5.1　白度、光泽度、透光度的测定

5.1.1　实验目的

(1)了解白度、光泽度、透光度的概念。
(2)了解造成白度、光泽度、透光度测量误差的原因。
(3)了解影响白度、光泽度、透光度的因素。
(4)掌握白度、光泽度、透光度的测定原理和方法。

5.1.2　实验原理

各种物体对于投射在它上面的光,会发生选择性反射和选择性吸收的作用。不同的物体对各种不同波长的光的反射、吸收及透过的程度不同,反射方向也不同,就产生了各种物体不同的颜色(不同的白度)、不同的光泽度及不同的透光度。

光线照射在瓷片试样上,可以发生镜面反射与漫反射,镜面透射与漫透射。漫反射决定了陶瓷器表面的白度,镜面反射决定了陶瓷器表面的光泽度,镜面透射决定了陶瓷器的透光度。

在日用陶瓷器白度测定方法规定的条件下,测定照射光逐一经过主波长为620,520,420 nm三块滤光片滤光后,试样对标准白板的相对漫反射率,并按规定的公式计算,所得的结果为日用陶瓷器的白度。

光线束从45°角度投射在试样上,而在法线方向由硒光电池接收试样漫反射的光通量,试样越白,光电池接收的光通量就越大,输出的光电流也越大,试样的白度与硒光电池输出的光电流成直线关系。光电白度计光路图如图 5-1 所示。

陶瓷产品的釉层一般是厚度数量为 10^{-1} mm 的、有一定的色彩并混有少许晶体和气孔的玻璃。釉与坯的反应层一般无清晰、平整的界面,往往是釉层与坯体交混在一起的模糊层,反应层之下则为气孔、晶体和多种玻璃相互组成的坯体,它通常也有一定的色彩。

设想釉上表面是平整的,一束平行光投射到釉面上,接受器接受的光将由以下几个部分组成:釉上表面反射的光;釉层散射的光;经釉层两次吸收在反应层漫反射的光;透入坯体引起的散射光。各部分光作用在

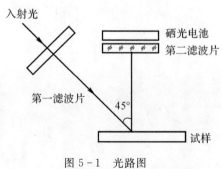

图 5-1　光路图

(图中标注:入射光、硒光电池、第二滤波片、第一滤波片、45°、试样)

接受器上的相对强度数据分别为：上表面反射光约占 7%，反应层漫反射约 75%，其余约 18%。

不同型号的仪器，其光源（强度及其光谱分布）、滤色片、投射和接受方式、接受器以及数据处理等在设计上是有差异的。因此，用不同型号的仪器来测定陶瓷产品的白度，即使对同一样品的同一部位进行测量，想获得相同（允许误差 1%）结果，可能性是很小的。例如假定两台白度测定仪所有其他条件完全相同，只是一台仪器光线垂直入射，45°反射（接受），另一台光线45°入射，垂直反射（接受），这样单就釉的上表面反射这一因素来估算，就可能使两台仪器的结果相差 0.5% 以上。

可见陶瓷产品釉面光学性质复杂，是使不同型号仪器测试结果相差较大的一个重要原因。

陶瓷产品釉面光谱反射特性如图 5-2 所示。图中清楚地显示了两种色调的陶瓷产品釉面光谱反射特性的统计规律，即白中泛黄的产品反射率在紫端下降，而在红端上升；而白中泛青的产品则是红端下降，紫端升高。这一规律说明了某些型号的仪器，测量结果与目测顺序不一致的原因。如 ZB—65 型，用的是 457 nm、520 nm 和 640 nm 的蓝、绿、红三块滤色片，恰好没有反映出产品的色调在紫端反射率一个上升，另一个则下降的事实，于是测量的结果必然使白中泛黄的产品白度偏高，而白中泛青的产品则偏低，导致测量结果与目测顺序不一致。

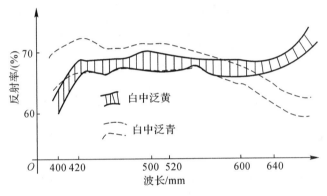

图 5-2　釉面光谱反射统计图

图 5-2 还表现出一个更为重要的事实，即陶瓷产品几乎每个样品都带有一定的颜色，它在可见光区的反射率在 60%～76% 之间，同一样品对不同波长的光，反射率相差 10% 左右。反射率不高，均匀性又很差，使得评价陶瓷产品的白度实质是评价不同程度地带有不同色调的对象的"白度"。

两种喜爱白（白中泛青和白中泛黄）的存在，是否有必要去比较一个白中泛青样品比白中泛黄样品的白度高些或低些。如果先区分陶瓷产品不同的色调，然后比较同一色调产品的白度以划分产品质量等级，就必然要求整个日用陶瓷产品按多个白度系列（至少两个）来划分质量等级。

光泽是物体表面的一种物理性能。在受光照射时，由于瓷器釉表面状态不同，导致镜面反射的强弱不同，从而导致光泽度不同。测定瓷器釉表面的光泽度一般采用光电光泽计，即用硒光电池测量照射在釉表面镜面反射方向的反光量，并规定折射率 $N_b = 1.567$ 的黑色玻璃的反光量为 100%，即把黑色玻璃镜面反射极小的反光量作为 100%（实际上黑色玻璃的镜面反射的反光量<1%）。将被测瓷片的反光能力与此黑色玻璃的反光能力相比较，得到的数据即为该瓷器的光泽

度。由于瓷器釉表面的反光能力比黑色玻璃强，所以瓷器釉表面的光泽度往往大于100。

测定瓷器的透光度一般采用光电透光度仪。由变压器和稳压电源供给灯泡（4 V/3 W），电流使灯泡发出一定强度的光，通过透镜变为平行光，此平行光经光栏垂直照射到硒光电池上，产生光电流 I_0，由检流计检定。当此平行光垂直照射到试样上，透过试样的光再射到硒光电池上产生光电流，由检流计检定。透过试样的光产生的光电流与入射光产生的光电流之比的百分数即为瓷器的相对透光度。

5.1.3 仪器设备

BDJ—DC 型白度计（成套）、S8—75 型光电光泽计（成套）、77C—1 型透光度仪（成套）。

定以优级氧化镁粉为压制标准白板的原料，其光谱反射率以 98% 计。

白度分别在 60，70，80 左右的陶瓷板三块为工作白板，此板长期使用后，需清洗，并用标准白板重新标定。

白度计、光电光泽计，透光度仪的示意图如图 5-3～图 5-5 所示。

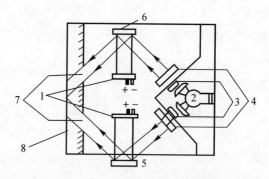

图 5-3 光电白度计示意图（光路图）

1—硒光电池；2—灯泡；3—透镜；4—滤色片；5—试样；6—补偿瓷板；

7—吸光室进光孔；8—吸光室

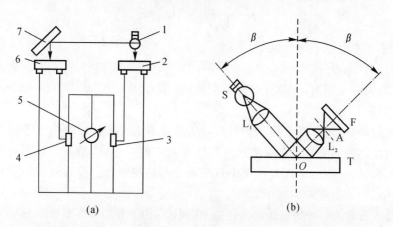

（a）   （b）

图 5-4

（a）光电光泽计的电路图 （b）光电光泽计的测头示意图

1—光源；2，6—硒光电池；3，4—可变电阻器；5—检流计；7—被测瓷片；S—光源；

L1，L2—透镜；T—被测瓷片；A—光栏；F—硒光电池

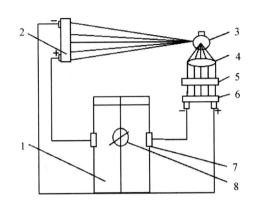

图 5-5 光电透光度仪电路图

1—调节滑线盘；2,6—硒光电池；3—光源；4—透镜；

5—被测瓷片；7—检流计；8—读数滑线盘

5.1.4 实验步骤

1. 白度测定

(1)每次测量之前,电源电压必须符合仪器要求,然后按照白度计操作规程,稳定仪器,并用工作标准白板校正仪器。

(2)在试样的显见面上进行测定。

(3)测定时使仪器探头在测试表面上原位作相对转动,仪器显示值不得有超过 0.5 的变动,否则需在试样上另选更为平整的表面重新测定。

(4)每块试样依次用 620 nm、520 nm、420 nm 三色滤光片进行测定,得 R_1,R_2,R_3。

R_1——用 620 nm 滤光片测得的样品的相对漫反射率;

R_2——用 520 nm 滤光片测得的样品的相对漫反射率;

R_3——用 420 nm 滤光片测得的样品的相对漫反射率。

2. 光泽度测定

(1)仪器安放。把读数器安放在固定不受振动的平台上,把读数器和测头灯管的导线连接,接上电源,拨开读数器上的电源开关,用擦镜纸把标准板表面灰尘擦净,然后将测头安放在标准盒的边框内。

(2)调零。将参数调节旋钮反时针方向旋到零位,然后转动读数器上的调零旋钮,使光点对准标准尺的零位。

(3)调标准板参数。连接测头硒光电池与读数器的导线,旋转读数器上参数调节旋钮,使光点在标度尺上对准标准板的规定参数。

(4)测量。将测头移放到经擦镜纸擦净的试样表面规定的部位上,这时读数器光点在标度尺上所对准的刻度即为测定的光泽度。

3. 透光度测定

(1)接通电源。把仪器后面的电源插头插入 220 V 交流电源插座上,按下右边琴键开关,指示灯亮。

（2）检流计校零。接通电源之后，先打开检流计电源开关，此时检流计光点发亮，光点应正对标尺零位，否则须旋动检流计下方旋钮调整。

（3）调满度100。选择量程开关为×10挡，把满度调整旋钮反时针旋到头时，按下光源开关，然后旋动满度调整旋钮，调整仪器读数，使检流计光点指在标尺为100的地方。

（4）测定相对透光度。拉动仪器右侧拉钮，抽出试样盒，将待测试样放入，关闭试样盒，即可在检流计上读取相对透光度数值。当检流计标尺读数小于10时，应把量程开关再按下，即调到×1挡，再取读数，×1挡的满度值等于×10挡满度值的1/10。

5.1.5 记录与计算

1. 白度测定记录与计算

（1）白度测定记录表见表5-1。

表 5-1　白度测定记录

试 样 名 称		测定人			测定日期	
试 样 处 理						
编号	R_1	R_2	R_3	白度值 W	备　注	

（2）计算：

$$W = R_2 - | R_1 - R_3 | \qquad\qquad (5-1)$$

式中　W——试样的白度值；

R_2——用 520 nm 滤光片测得的样品的相对漫反射率；

R_1——用 620 nm 滤光片测得的样品的相对漫反射率；

R_3——用 420 nm 滤光片测得的样品的相对漫反射率。

对每件产品或试样的同一部位测定两次，测得的白度值允许相差±0.5。

2. 光泽度测定记录

光泽度测定记录见表5-2。

表 5-2　光泽度测定记录

试 样 名 称		测定人		测定日期	
试 样 处 理					
编号	测量面积/mm²	光泽度		备注	

3. 透光度测定记录

透光度测定记录见表5-3。

表 5 - 3　透光度测定记录

试样名称		测定人		测定日期	
试样处理					
编号	试样厚度	相对透光度/%		备注	

5.1.6　注意事项

(1)要求试样显见面测试处必须清洁、平整、光滑,无彩饰、无裂纹及其他伤痕。

(2)制备标准白板的优级氧化镁,必须保存于密闭的玻璃器皿中,使用过的氧化镁粉不得回收再用。

(3)白度低于 50 者习惯上不称白而称灰,不属于本实验范围。

(4)测定光泽度的标准板,每年至少应校正一次,如达不到规定的参数值,则应换用新的标准板。

(5)光泽计的透镜和标准板上的灰尘只能用擦镜纸或洁净的软纸轻揩,以防擦毛损伤,影响读数。

(6)测透光度试样为长方形(20 mm×25 mm)或圆形(ϕ20 mm),厚度为 2 mm,1.5 mm,1 mm,0.5 mm。4 种不同规格的薄片应从同一部位切取,要求平整、光洁。薄片研磨后烘干,加工方法可参照反光显微镜磨光片方法进行。也可用同一试片边磨边测,由厚到薄,但一定要烘干,精确测量厚度。

5.1.7　思考题

1. 为什么白度测定结果与目测结果顺序不一致? 如何统一起来?

2. 如何计算白度才合理?

3. 如何准确地测定白度、光泽度、透光度? 造成不准确的因素是什么?

5.2　显微硬度的测定

5.2.1　实验目的

(1)了解测定釉面和坯体显微硬度的意义。
(2)了解影响釉面和坯体显微硬度的因素。
(3)掌握釉面和瓷胎显微硬度的测定原理和方法。

5.2.2　实验原理

硬度是材料的表面层抵抗小尺寸物体所传递的压缩力而不变形的能力。瓷器釉面硬度是用显微硬度计测定的,它是通过光学放大,测出在一定负荷下由金刚石棱锥体压头在测试样上压出压痕,用仪器的读数显微镜测出压痕的对角线长度,再按公式计算求出表硬度的数值,称为显微硬度。金刚石棱锥体压头的两相对面之间的夹角为 $136°\pm20'$,尖横刃小于 1 mm,负荷 $10\sim200$ g,读数显微镜放大倍数视仪器型号规格而异,仪器可达 600 倍。

釉面硬度与釉的化学组成、烧成温度、显微结构有关。釉的硬度随着结构网络外体离子半径的减小和原子价的增大而增加。石英含量较高的釉料在较高的温度中烧成,可以得到较高的硬度。适当增加氧化铍、氧化镁、氧化锌、三氧化二硼、三氧化二铝等二价和三价氧化物都可提高釉面硬度。增加碱金属氧化物含量将降低瓷器的釉面硬度。釉面硬度对于日用瓷餐具是一个重要指标。刻划硬度即是指餐具瓷的釉面能否承受叉的经常磨刻而不致出现刻痕的一种性能。釉面硬度也可采用莫氏(Moss)硬度标的各种矿物在釉面划线的方法进行测定,一般日用瓷器的釉面硬度为 $5\sim7$,即相当于磷灰石、正长石和水晶的硬度标。还有用坚的材料做成扁豆形的物体,用以挤压试样,根据试样上出现裂纹时所消耗的力的数值来决定其硬度,用千克/毫米^3 表示。

5.2.3 仪器设备

71 型显微硬度计由壳体、升降系统、工作台、加荷机构、光学系统和电子部分组成,如图 5-6 所示。它能自动变换负荷,用油阻尼器进行半自动加荷,采用电子继电器指示保荷时间。

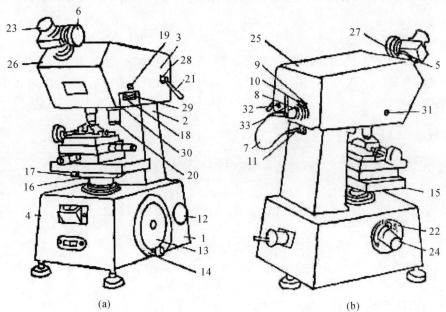

(a)   (b)

图 5-6 显微硬度计

(a)正面图 (b)背面图

1—底座;2—主体;3—主体盖;4—琴键开关和指示灯;5—固紧测微目镜的滚花螺钉;

6—测微目镜的鼓轮;7—照明插线;8—灯管;9,11—滚花螺钉;10—偏心调节圈;

12—调节视场明暗的小手轮;13—调节工作台升降的手轮;14—调节工作台升降的手柄;

15—工作台移动距离调节螺钉;16,17—紧固工作台的螺钉;18—变换负荷滚花轮;

19—加荷窗;20—金刚钻压锥保护套;21—加减负荷手柄;22—数码盘;23—视度调节圈;

24—数码盘旋钮;25—顶盖;26—镜管套圈;27—目镜管;

28,29,31,32—螺钉;30—变荷罩;33—照明坐板

壳体由底座、主体和主体盖连成一体,大部分零件都封闭在壳体内。仪器由 3 只可调的水平螺丝支持着。琴键开关和指示灯安装在仪器底座的正前方,揿下开关的红键,指示灯的绿灯亮,表明仪器电子部分开始工作,可以进行下一步操作。

5.2.4　实验步骤

(1)仪器调平。调节三只水平螺丝,用水平仪校准,使工作台处于水平位置,加荷主轴处于垂直位置。

(2)照明调节。接上电源线和照明插线 7,揿下琴键开关的红键,照明灯亮。转动手柄 14 和手轮 13,使放在工作台上的硬块与物镜端面相距约 0.57 mm,即可调节照明。通过滚花螺钉 9,11,灯管 8 及偏心调节圈 10 的调节,使灯泡中两个灯丝像对称地分布在视场中间,如图 5-7 所示。经过调节照明及调焦,使看到的物平面既明亮又均匀对称。此时的灯丝像已位于光栏的中心,是最佳照明。

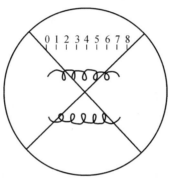

图 5-7　视场内见到的灯丝像

(3)试样安放。取掉硬块,将试样固定在工作台上,并将工作台推至左端。

(4)调焦。先转动手柄 14,使试样升高至离物镜端面约 1 mm 处,随后缓慢转动手轮 13,可以看到现场逐渐变得明亮,先看到灯丝像,后看到试样表面像,直至最清晰为止。由于操作者视度不一致,需旋动视度调节圈 23,直调至最清晰的位置,再进行调焦。

(5)转动纵横向微分筒,在视场里找出试样的需测定部位。

(6)工作台向右端推移,使试样从显微镜视场中移到加荷机构的金刚钻压锥下面,然后将旋钮 24 旋至所需要保荷时间(约 15 s)的位置上。

(7)扳动手柄 21,金刚钻压锥缓慢下降,数秒钟绿灯暗息,红灯亮即开始加荷,15 s 后,红灯暗息,绿灯亮,随即将手柄 21 扳回原来位置,使压锥上升而卸去负荷。将工作台向左推移至原来位置,进行测定。

(8)为了精确地测定指定点的硬度,可以先进行试打。当测微目镜的鼓轮 6 旋至 4.00 位置时,压痕正好落在叉丝的中心位置,但往往压痕与叉丝中心有一点偏离,这是允许的。试打后记下压痕与叉丝中心偏离的大小方向,然后打定点时以此位置为准。

(9)瞄准。调节工作台上的纵横向微分筒和测微目镜的鼓轮 6,使压痕的棱边和目镜中交叉线精确地重合,如图 5-8 所示,然后转动鼓轮 6,对准压痕的另一个棱边,如图 5-9 所示。如压痕棱边不是一条直线,则瞄准时应以顶点为准。

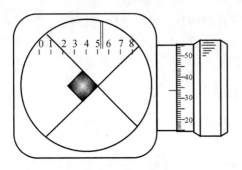

图 5 - 8　瞄准压痕右端(读数为 5.335)

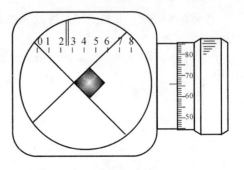

图 5 - 9　瞄准压痕左端(读数为 2.676)

（10）读数。视场内见到的 0,1,2,…,8 是毫米数。读数鼓轮刻有一百线,每格为 0.01 mm,每转一圈,是 100 格,在视场内的双线连同叉线一起移动,图 5 - 8 读数为 5.335 mm,图 5 - 9 读数为 2.676 mm,两个数值之差即是测微目镜中测得的对角线长度,应为 2.659 mm。

5.2.5　记录与计算

1. 记录

显微硬度测定记录见表 5 - 4。

表 5 - 4　显微硬度测定记录

试样名称			测定人			测定日期	
试样处理			室温/ ℃			相对湿度/(%)	
编　号	瞄准压痕读数/mm		测微目镜中测得的对角线长度 L_0/mm	实际长度 L/mm	测微目镜格值/m		备注
	左端 L_2	右端 L_1					

2. 计算:

$$L_0 = L_1 - L_2 \tag{5-2}$$

式中　L_0——测微目镜中测得的对角线长度,mm;

　　　L_1——瞄准压痕右端时测微目镜中测得的对角线长度,mm;

　　　L_2——瞄准压痕左端时测微目镜中测得的对角线长度,mm。

$$L = L_0/n \tag{5-3}$$

式中　L——压痕对角线中的实际长度,mm;

　　　n——物镜放大倍率(本仪器所用物镜倍率为 40 倍)。

$$L' = \frac{m}{n} \tag{5-4}$$

式中　L'——读数鼓轮转过一小格时分划板移动的实际长度,mm;

　　　m——测微目镜格值。

$$H_v = 2P\sin\frac{\alpha}{2}/L^2 = 1854.4P/L^2 \tag{5-5}$$

式中　H_v——显微硬度，gf/mm^2；

　　　α——正方形四棱角锥体两相对面之间的夹角（规定 $\alpha=136°$）,（°）；

　　　P——负荷,gf；

　　　L——压痕对角线长度,mm。

5.2.6　注意事项

（1）试样的被测面应安放水平。

（2）工作台移动时必须缓慢而平稳,不能有冲击,以免试样走动。

（3）在定压痕位置时切不可旋动工作台的测微螺杆,以免变动压痕原始位置。

（4）若现场中看到压痕不是正方形,则必须求出两个不等长的对角线的平均值,即为等效正方形的对角线长。

（5）显微硬度计测试环境应防震、防尘、防腐蚀性气体,室温不超过（20 ± 5）℃,相对湿度不大于 65%。

（6）升降轴应经常上一些锭子油作润滑和防锈之用。仪器不使用时,工作台应降到较低位置,以使升降轴免受灰尘等影响。

（7）试样打出压痕后,压痕不在视场中心,需要进行校正。若压痕左右偏离,只要调节螺钉 16 改变工作台的移动距离就可以了。若压痕前后偏离,则需用专用内六角扳手旋松螺钉 16,再松开螺钉 17,工作台就会随之转动,使压痕移到视场中心。重合校正的实质就是使工作台的移动导轨与物镜中心、压锥顶尖的连线平行,而移动距离应与此连线相等。

5.2.7　思考题

1. 测定硬度的方法有几种？它们有什么局限性？

2. 测定硬度有什么意义？

3. 影响硬度的因素是什么？提高硬度的措施是什么？

4. 为什么不同的操作者测定同一试样的硬度所得到的结果不同？

5.3　热稳定性（抗热震性）的测定

5.3.1　实验目的

（1）了解日用瓷测定热稳定性（抗热震性）的实际意义。

（2）了解影响热稳定性（抗热震性）的因素及提高热稳定性的措施。

（3）掌握热稳定性（抗热震性）的测定原理和方法。

5.3.2　实验原理

热稳定性（抗热震性）是指陶瓷器或陶瓷材料能承受温度剧烈变化而不破坏的性能。日用陶瓷器的热稳定性取决于坯釉料配方的化学成分、矿物组成、相组成、显微结构、坯釉料制备方法、成型条件及烧成制度等工艺因素以及外界环境。由于瓷质内外层受热不均匀,坯料与釉料的热膨胀系数差异而引起瓷质内部产生应力,导致机械强度降低,甚至发生开裂现象。

一般陶瓷的热稳定性与抗张强度成正比,与弹性模量、热膨胀系数成反比。而导热系数、热容、密度也在不同程度上影响热稳定性。釉的热稳定性在较大程度上取决于釉的热膨胀系数。要提高瓷器的热稳定性首先要提高釉的热稳定性。瓷胎的热稳定性则取决于玻璃相、莫来石、石英及气孔的相对含量、粒径大小及其分布状况等。

陶瓷制品的热稳定性在很大程度上取决于坯釉的适应性，所以它也是带釉陶瓷抗后期龟裂性的一种反映。

日用瓷热稳定性的测定方法一般是将试样（带釉的瓷片或器皿）置于电炉内逐渐升温到220 ℃，保温 30 min，迅速将试样投入染有红色的 20 ℃水中 10 min，取出试样擦干，检查有无裂纹。或将试样置于电炉内逐渐升温，从 150 ℃起，每隔 20 ℃将试样投入 20±2 ℃的水中急冷一次，直至试样表面发现有裂纹为止，并将此不裂的最高温度为衡量瓷器热稳定性的数据。例如记为 220～22 ℃水中交换一次不裂或二次不裂。也有将试样放在 100 ℃沸水中煮0.5～1.0 h，然后投入不断流动的 20 ℃的水中，取出试样擦干，检查有无裂纹。如没有裂纹出现，则重复上述试验，直至出现裂纹为止。记录水煮次数，以作为衡量瓷器热稳定性的数据。热交换次数越多，说明该瓷器的热稳定性越好。

5.3.3 仪器设备

日用陶瓷热稳定性测定仪（见图 5－10），由加热炉体、恒温水槽、送试样机构、控温仪表四部分组成。加热炉体 3 由炉两侧电阻丝加热（未示出），由搅拌风扇 1 强制对流，以使炉温均匀。炉壁填充保温材料。送试样机构由拉挂杆 4、炉门小车 2、料筐 5 组成，推动小车即可将试样料筐送入炉内，同时可关闭炉门。恒温水槽 7 由管状电加热器 9 加热，冷却采用冷凝压缩机组，它由压气机 13、换热器 10，Ⅱ 及管道组成，搅拌水轮 8 可使整个水槽温度均匀。水温传感器 14 将水温传出，自动控制电加热器或压气机的起动和停止，从而使水温恒定在预先给定的温度上。炉温的指示及控制由 XCT—102 仪表完成，水温的指示和控制由 WMZK—02 仪表完成。定时器可控制加热炉的恒温时间、到时、蜂鸣器报警。

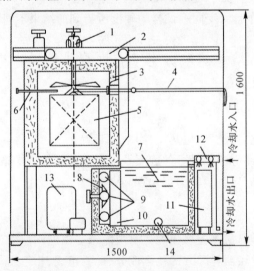

图 5－10 热稳定性（抗热震性）测定仪结构示意图

1—搅拌风扇；2—炉门小车；3—加热炉；4—拉料挂料杆；5—料筐；6—热电偶；7—水槽；

8—搅拌水轮；9—水加热器；10，11—换热器；12—淋水管；13—压气机；14—水温传感器

5.3.4　实验步骤

(1)检查仪器线路及管道有无损坏及松动,电源是否合乎要求。

(2)将水槽灌满水,打开冷却水龙头,合闸,开仪表开关,按风机起动按钮,观察风机转向是否正确,将炉温给定指针水温给定盘调至需要位置。

(3)拉开炉门,由料门(指放进试样门)将装有试样的料筐挂于挂料钩上,推进小车并关闭料门,按起动按钮,这时炉子热,风机起动,水被搅拌,水开始加热或冷却。

(4)炉温达到要求后,XCT—102 红灯亮,这时可拨定时器至要求的时间,即可定时温,到时间后蜂鸣器报警,即可拉出料门至水槽上方,转动手柄,试样即掉入水中。这时可换上另一装好试样的料筐送入炉中加热,待一定时间后可开启料门取出料筐进行测定。

(5)测试完毕后,按停止按钮,关仪表电源,控闸。长期不使用仪器,应放掉水槽的水。

5.3.5　记录与计算

1. 记录

热稳定性测定记录见表 5-5。

表 5-5　热稳定性测定记录

试样名称			测定人			测定日期	

试样处理	

编号	测定次数	测定		试样开裂温度 t_2/℃	试样开裂数 n/个	试样平均开裂温度/℃	试样开裂温度差/℃ ($\Delta t = t_2 - t_1$)	平均开裂温差 t/℃	开裂温度范围/℃
		室温 t_1/℃	冷却水温度/℃						

2. 计算:

$$t = \frac{\Delta t_1 n_1 + \Delta t_2 n_2 + \cdots}{m} \tag{5-6}$$

式中　t——试样平均开裂温度差,℃;

　　　$\Delta t_1, \Delta t_2$——试样开裂温度差,℃;

　　　n_1, n_2——在该温度差下试样开裂数,个;

　　　m——每组试样数,个。

5.3.6　注意事项

(1)试样应光滑无缺陷。

(2)炉温控制精度±5 ℃,水槽控温精度±2 ℃,应严格掌握。

5.3.7　思考题

1. 日用陶瓷的热稳定性在使用上有何实际意义?

2. 热稳定性与哪些因素有关？

3. 为什么陶瓷的热稳定性很低？

5.4 热膨胀系数的测定

5.4.1 实验目的

(1)了解测定陶瓷材料热膨胀系数的实际意义。

(2)了解陶瓷材料热膨胀系数与热稳定性的关系。

(3)掌握热膨胀系数的测定原理和方法。

5.4.2 实验原理

陶瓷材料的热膨胀系数用线膨胀系数及体膨胀系数表示。

线膨胀系数是陶瓷材料在温度升高 1 ℃时单位长度的相对增加值。体膨胀系数是在一定温度范围内温度改变 1 ℃时陶瓷材料体积的平均增加值。

在生产、科研上测定线膨胀系数时是在一定温度范围内，如 120～1 000 ℃，温度改变 1 ℃时陶瓷材料线尺寸的平均相对增加值，而不是指某一温度下的绝对增加值。这样就有平均线膨胀系数 α_L 和真线膨胀系数 α_γ 之分。

如 L_0 为材料在温度 t_0 时的长度，L_t 为材料加热至温度 t 时的长度，根据实验则有 $\Delta L/L_0 \propto \Delta t$，或 $\Delta L/L_0 = \alpha_l \Delta t$，则

$$\alpha_L = \frac{\Delta L}{L_0 \Delta t} = \frac{L_1 - L_0}{L_0(t_1 - t_0)} \tag{5-7}$$

当 $\Delta t \to 0$，即 $t_1 \to t_0$ 时，则 t_1 处的真线膨胀系数为

$$\alpha_\gamma = \frac{1}{L_0} \cdot \frac{dL}{dt} \tag{5-8}$$

在石英管或膨胀仪中考虑到温度对石英管也发生影响及位移测长系统的放大倍数 K，则

$$\alpha_L(1/℃) = \frac{L_1 - L_0}{KL_0(t_1 - t_0)} + 0.55 \times 10^{-6} =$$
$$\frac{\Delta L}{KL_0 \Delta t} + 0.55 \times 10^{-6} \tag{5-9}$$

热膨胀仪主要分为温度控制系统和位移测量系统两部分，并配合记录仪进行自动记录。

温度控制系统方框图如图 5-11 所示。

正常升降温由电炉中控制热电偶测量信号与机械程序中滑线电位计环给定。信号组差接输出给偏差放大器，经放大器输入给运算进行整定，以改善其调节性能放大器输出给可控硅触发器，以控制其可控硅改变供给电炉的电压、电流值大小，从而改变电炉温度，达到人为自动调节目的(电炉通以冷却水冷却)。

放大器不输出给可控硅触发器，而由手动直接加入信号和辅助手动升降温时，反馈比较后输入给可控硅触发器，以控制其可控硅改变供给电炉的电压、电流值大小，从而改变电炉温度。

在做保温时，即机械程序仅给出固定信号而已。

温度测量由电炉中测量热电偶直接输入给记录仪，以记录炉温变化曲线及读取其温度值。

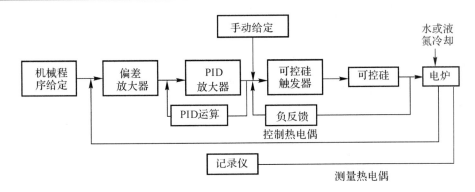

图 5-11　温度控制系统方框图

位移测量系统方框图如图 5-12 所示。

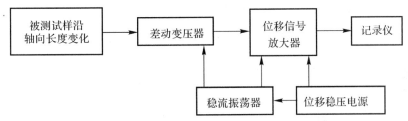

图 5-12　位移测量系统方框图

正常位移测量：试样在电炉中加热或冷却引起沿其轴向长度发生变化(即位移量大小改变)，此变化推动石英棒、推杆，使差动变压器铁芯产生位移，而差动变压器将该机械位移量变为电讯号输入给位移信号放大器进行放大，调制后供给记录仪测量其位移量大小。其中稳流振荡器仅为了供给变压器 3 kHz 激磁电流及位移信号放大器调制信号，而位移稳压电源仅为了供给稳流振荡器及位移信号放大器直流稳压电源而已。

5.4.3　仪器设备

RPZ—1 型晶体管式自动热膨胀仪。本仪器由主机和操纵箱两部分组成，主机由以下几部分组成：

(1)底座。用于支承电炉、石英组件、差动变压器等。

(2)电炉。可在－100～100 ℃范围内使用，其等温区长度为 60 mm，处于炉腔中央。

(3)手把。捏住手把，可移动电炉，使被测试样处于炉腔中央的等温区范围内。

(4)调节螺钉。调节炉腔位置使被测试样处于炉腔中央位置。

(5)定位环。一次调好后，保证电炉移动终止。

(6)石英组件。用止动螺钉固定在主支板的导套上，石英托管中放石英棒、被测试样、热电偶等。

(7)真空接头。用于连接真空泵导管。

(8)冷却器。防止电炉热量传导给差动变压器。其接头橡胶管与电炉水嘴连接后通入自来水。

(9)接线架。连接测量热电偶用。

(10)定位螺钉。防止差动变压器移动,作定位用。

(11)差动变压器。为位移测量的敏感元件。利用骨架上绕制初级线圈激磁,两个次级线圈差接,以致使铁芯的机械位移量变为电量输出。

(12)冰瓶。内装有冰、水混合物,将测量热电偶冷端及控制热电偶冷端的补偿导线均放入瓶内的玻璃试管内,另一试管内可插入温度计。

(13)热电偶。测量热电偶及控制热电偶均由瓷珠绝缘用镍铬丝绑在石英组件上,两热端齐平,置于被测试样中部。

操纵箱部分由记录仪、位移单元、温度控制单元、电源单元等组成。

5.4.4　实验步骤

(1)将被测试样放在石英托管内,测量热电偶及控制热电偶用镍铬丝绑在该管上,使之热端处于试样上方的中部位置。将测量热电偶冷端接在固定板上,由补尝导线引出经插座插入冰瓶试管内,再由冰瓶引出接入操纵箱上接线柱测量。而将控制热电偶冷端直接插入冰瓶试管内再接入线柱控制。

(2)移动电炉,使被测试样处于炉膛中央等温区内,并调节石英组件处于炉膛中心位置。

(3)将固定板、电炉上的冷却水嘴接自来水龙头,其出嘴由连管接出。

(4)将电炉、温控单元、位移单元等控制器的电源插头分别插入插座内,记录仪电源插头也插好,再将三相 380 V 及 220 V 电源合闸,记录仪开关也合上。

(5)将温控单元中各开关、旋钮等按下或转至给定的位置,如将温度给定旋钮转至给定的温度,保温时间旋钮放置给定的位置,最后将电源单元中开关电炉档按下,即可自动进行电炉升温、保温、降温过程,从记录仪观察其变化曲线。

(6)将位移单元中各开关、旋钮等也按下或调至放置的位置,最后将位移开关档按下,即可从记录仪观察其试样位移变化曲线。

5.4.5　记录与计算

1. 记录

热膨胀系数测定见表 5 - 6。

表 5 - 6　热膨胀系数测定记录

试样名称			测定人		测定日期	
试样处理						

编号	测定温度范围/ ℃		伸长量 ΔL/mm		K 值	α_L/(1/ ℃)	α_γ/(1/ ℃)	备　注
	t_0	t_1	L_0	L_1				

2. 计算

$$\alpha_L = \frac{L_1 - L_0}{KL_0(t_1 - t_0)} + 0.55 \times 10^{-6} = \frac{\Delta L}{KL_0 \Delta t} + 0.55 \times 10^{-6}$$

式中　ΔL——温度从 $t_0 \sim t_1$ 时试样线性增长量,是在记录仪上所记录的位移量长度,mm;

　　　K——位移测长系统的放大倍数(随量程选择挡不同而不同);

　　　L_0——试样在初始温度 t_0 时的实际线性长度,mm;

　　　t_0——初始温度,℃;

　　　t_1——加热的最后温度,℃;

　　　0.55×10^{-6}——石英玻璃的线膨胀系数。

5.4.6　注意事项

(1)由于升温时被测试样温度比控制热电偶处温度低,因此,温度给定旋钮应旋至比测定终了温度稍高一些。

(2)降温完毕后,应转动保温时间旋钮至升温、降温指示灯亮(即保温状态),然后逆时针转动温度给定旋钮,使短指针退过 $-125 \sim 1\,200$ ℃或某处,此时升温指示灯亮即可(即处于升温状态)。这是为下次测定作好准备,否则造成下次试验不能进入正常升温状态或将会使机械程序控制器的齿轮卡死。

(3)试验完毕后,需待电炉冷却至较低温度(100~150 ℃)方能关闭电炉冷却水源。

(4)从记录纸上读取某位移量下的温度值时,需从位移曲线上该点作水平线与温度曲线相交,此交点并非该位移量下的温度值,而必须考虑两记录笔的笔距,求其温度值。

(5)被测试样变形量求取是用测量位移曲线上欲求点离零点的长度除以测量时位移单元中量程选择那档的放大倍数获得。

(6)手动调节仅作为要求升温曲线起始段线性好时使用,其手动量大小由使用者凭经验调节。有时为了加快升温速度也用手动升温。

(7)被测试样长度为 26 mm 和 50 mm,所用石英托管相同,仅石英棒长度不同而已(长者用于测 50 mm 的试样)。

5.4.7　思考题

1. 热膨胀对陶瓷在使用上有何实际意义?

2. 陶瓷热膨胀系数与热稳定性的关系?

3. 为什么要选用石英玻璃作为安装试样的托管(从微观结构的角度加以说明)?

4. 真线膨胀系数与平均线膨胀系数有何差别?线膨胀系数与体膨胀系数之间有何关系?

5. 升温速度对测定陶瓷材料膨胀系数有无影响?

5.5　化学稳定性的测定

5.5.1　实验目的

陶瓷是由主晶相、其他晶相、玻璃相和少量气孔组成的多相系统。陶瓷中各种相组成对各种酸碱的溶解度是有选择性的,即各种相组成的耐酸度耐碱度是不相同的。例如玻璃的耐酸度较差,游离石英的耐碱度较差,铅釉中的铅和釉上彩中的铅连弱酸如醋酸、草酸等也容易被溶解。坯体化学成分氧化物中 K_2O 耐酸侵蚀性最弱,SiO_2 耐酸性最强。

化学稳定性是一项重要的理化性能。本实验的目的是要掌握化学稳定性即耐酸度、耐碱度的测定原理和方法。

5.5.2 实验原理

化学稳定性是陶瓷或玻璃釉抵抗各种化学试剂侵蚀的一种能力。

凡能抵抗各种化学试剂破坏作用的陶瓷制品都是相对化学稳定的。化学试剂一般都是酸、碱、盐及气体。

陶瓷的化学稳定性取决于坯釉化学组成、结构特征和密度(包括活性表面的大小)。

化学试剂对陶瓷坯釉的腐蚀作用由试剂的化学特性、浓度、杂质、温度、压力以及其他条件决定。

化学组成一定,通过严细的工艺控制也能提高陶瓷坯釉的化学稳定性,例如铅的溶出量不一定与釉彩的含铅量有直接关系,而主要取决于釉彩中耐酸化合物以及铅的存在形式。

陶瓷的化学稳定性测定主要是测定耐酸率、耐碱率。测定方法有失重法和滴定法。如陶瓷的耐酸度、耐碱度很高,则由于腐蚀而减少的质量甚微,用称重法称不出来,而且很不准。利用酸碱当量溶液滴定法则比较准确。

试样形态可以是制品、试片和一定颗粒度的粉料。

5.5.3 仪器设备(包括工具、试剂)

(1)分析天平(感量 0.000 1 g);

(2)有回流冷凝器的耐酸耐碱仪器装置,附 200～250 mL 烧瓶,无灰滤纸(中等密度)、漏斗及过滤设备;

(3)筛子(筛孔直径 0.5 mm 即 35 目,孔径 1 mm 即 18 目);

(4)研钵及除铁装置;

(5)瓷坩埚、喷灯、浓硫酸(化学纯,相对密度 1.84);

(6)甲基橙指示剂(0.025%)、甲基红指示剂(0.025%)、酚酞指示剂(1%的酒精液)、氢氧化钠液(2%),Na_2CO_3 液(5%),$AgNO_3$ 液,稀盐酸(0.01 mol/L)。

5.5.4 实验步骤

(1)试样制备。将釉粉 500 g 装入耐火匣钵,入电炉或生产窑炉内煅烧,出炉后将匣钵打碎,挑选洁净的釉玻璃约 10 g,在玛瑙研钵中磨细、过筛(视不同试验方法决定筛目大小)备用。

(2)耐酸度测定(失重法)。

1)称取试样 1 g,放入烧瓶,加入浓硫酸 25 mL。

2)连接冷凝器并在瓶底进行加热,煮沸 1 h 后,停止加热,冷却。

3)将 75 mL 蒸馏水加入烧瓶内,以冲稀瓶内的溶解物。

4)用滤纸过滤混合物的清液部分,并用热蒸馏水冲洗瓶内残渣,使其呈中性反应(根据甲基橙显色)。

5)往瓶内注入 5%Na_2CO_3 液 50 mL,使其与残渣作用,然后置瓶在水浴上煮沸 15 min,并经常摇荡之(苏标 OCT5532—50 修改时已将 5%Na_2CO_3 处理一项删去)。

6)将瓶内热碱液倾入最初的滤纸上,用蒸馏水冲稀瓶内残渣,使其呈中性反应(根据酚酞显色),然后将残渣全部移至滤纸上。

7)烘干滤纸及残渣,移至瓷坩埚内进行灰化,并灼烧至恒重。

(3)耐碱度测定(失重法)。

1)称取试样 1 g,放入锥瓶内,注入 2% NaOH 液 25 mL。

2)连接回流冷凝器,并在瓶底加热,煮沸 1h 后,将瓶内热碱液倾出,用盐酸酸化过的蒸馏水冲洗残渣物,并将残渣全部移至滤纸上。

3)最后用热蒸馏水洗涤滤纸上的残渣,直至洗液内不含氯离子($AgNO_3$ 检查)为止。

4)将滤纸及残渣移至已知质量的瓷坩埚内,进行烘干、灰化及灼烧至恒重。

(4)水稳定性测定(滴定法)。

1)将蒸馏水重新蒸馏,做一空白试验。

2)在万分之一天平上称样 3~4 g,放入烧瓶内,加重新蒸馏过的蒸馏水 50 mL,装上回流冷凝器,加热煮沸 1.5 h,过滤。

3)在滤液中滴入甲基红 1~2 滴为指示剂,用 0.01 mol/L 盐酸滴定(溶液变红为止)。

4)读取所消耗的 0.01 mol/L 盐酸体积(mL)数,即为中和滤液中碱含量所消耗的 0.01 mol/L 盐酸体积(mL)。

5)酸碱稳定性测定(滴定法)。

1)用万分之一天平称样 3~4 g,放入烧瓶内加 0.01 mol/L 盐酸 50 mL。

2)装上回流冷凝器,加热煮沸 1.5 h。

3)过剩的酸以甲基红 1~2 滴为指示剂,用 0.01 mol/L NaOH 溶液反滴定(溶液变蓝为止)。

4)读取所消耗的 0.01 N NaOH 溶液的体积(mL)。

5.5.5　记录与计算

1. 记录

化学稳定性测定记录见表 5-7。

表 5-7　化学稳定性测定记录

试样名称			测定人		测定日期	
试样处理						

编号	失重法				滴定法		
	耐酸度/(%)		耐碱度/(%)		酸碱稳定性测定		
					空白试验消耗 0.01 mol/L 盐酸体积 V_1/mL	酸碱稳定性测定	
	测定前试样质量 m_0/g	测定后试样质量 m_1/g	测定前试样质量 m_0'/g	测定后试样质量 m_1'/g		消耗 0.01 mol/L HCl V_2/mL	消耗 0.01 mol/L NaOH V_3/mL

2. 计算

$$耐酸度 = \frac{m_1}{m_0} \times 100\% \tag{5-10}$$

$$耐碱度 = \frac{m_1'}{m_0} \times 100\% \tag{5-11}$$

$$水稳定性(空白) = \frac{m-m_2}{m} = \frac{m-0.01 \times 0.001 V_1}{m} \times 100\% \tag{5-12}$$

$$酸稳定性(耐酸率) = \frac{m-m_{HCl}}{m} = \frac{m-0.01 \times 0.001 V_2}{m} \times 100\%$$

$$碱稳定性(耐碱率) = \frac{m-m_{NaOH}}{m} = \frac{m-0.01 \times 0.001 V_3}{m} \times 100\% \tag{5-13}$$

式中　m——试样质量(测定前),g;

　　　m_2——水稳定性试验中滤液中碱含量,g。

5.5.6　注意事项

(1)使用的试样必须清洁,如不清洁必须用乙醚或无水酒精洗涤。

(2)在滴定时必须小心,不能过量。

(3)所用的器皿必须清洁。

(4)试样细度、所采用酸或碱的种类、浓度、处理方法(如用冷酸或热酸),均关系到结果的正确与否,因此必须严格遵守试验条件。

(5)加热处理时,烧瓶颈部以下的表面须用石棉物加以绝热,以保证瓶内液体能在短时内均匀而及时地沸腾。

(6)为了避免因沸腾时蒸汽猛烈逐出,使小颗粒试样带入冷凝器管内所引起的误差,必须在冷凝器拆除前,用水冲洗冷凝器管,并将洗液回收烧瓶内。

5.5.7　思考题

1. 哪些陶瓷产品需检验其耐酸耐碱性?
2. 影响陶瓷化学稳定性的因素是什么?
3. 如何从坯釉料的化学成分上、结构性能上来提高及改善陶瓷坯釉的化学稳定性?

5.6　抗压强度极限的测定

5.6.1　实验目的

(1)抗压强度极限是陶瓷材料重要的力学性质之一,测定抗压强度橄限,为提高陶瓷产品的机械强度提供依据。

(2)了解影响陶瓷材料抗压强度极限的各种因素。

(3)掌握抗压强度极限的测定原理和方法。

5.6.2　实验原理

日用陶瓷材料的抗压强度极限以试样单位面积上所能承受的最大压力表征。所谓最大压力即陶瓷材料受到压缩(挤压)力作用而不破损时的最大应力。本测定是指日用陶瓷材料烧结试样在常温下抗压强度极限的测定。

测定值的准确性除与测试设备有关外,在很大程度上决定于试样尺寸大小的选择。

表 5-8 中试样均为径高比 1∶1 的圆柱体,结果表明抗压强度随着试样尺寸增大而降低。

表 5-8　试样尺寸与抗压强度极限的关系

受压面积/cm²	1.96	2.92	3.88	6.38	20.00
抗压强度×10⁸/Pa	6.84	5.58	4.84	3.87	1.70

根据理论与实验,在选择试样尺寸时有以下两个根据:

(1)试样尺寸增大,存在的缺陷几率也增大,测得的抗压强度值偏低,因此试样尺寸选小一点以降低缺陷几率。

(2)试样两底面与压板之间产生的摩擦力,对试样的横向膨胀起着约束作用,对强度有提高作用,这在理论上称为环箍效应。

试样尺寸较大时(主要考虑试样高度),环箍效应相对作用减少,测得的抗压强度偏低,而比较接近真实强度,因此试样尺寸选大一点好,以尽量减少这种摩擦力的影响

为了获得陶瓷材料抗压强度的真实值,既要考虑试样缺陷几率的影响,又要考虑摩擦力的影响,在尽量减小摩擦力的情况下,选择较小尺寸的试样是适宜的,同时给测试工作带来方便。从表 5-8 可以看出,试样受压面积在 2～6 cm² 范围内的抗压强度值与有关资料数据接近。由试验得知,试样高度与抗压强度有关,即抗压强度随试样高度的降低而提高。考虑到各方面因素,认为试样尺寸定为 $\phi(20\pm2)$mm×(20 ± 2)mm、径高比为 1∶1 的圆柱体比较合适。粗陶试样则为 $\phi(50\pm5)$mm×(50 ± 5)mm、径高比 1∶1 的圆柱体比较合适。

试样是用立方体还是用径高比 1∶1 的圆柱体。试验证明,圆柱体试样的抗压强度略高于立方体试样的抗压强度。原因是由于圆柱体内部应力较立方体均匀;圆柱体成型制样的一致性优于立方体;圆柱体受压是确定的,而立方体受压方向难于统一确定。立方体试样不同方向的抗压强度是有差异的,因此选用圆柱体试样是适宜的。

试样规整程度(包括试样两受压面的平行度、侧面与受压面的垂直度、试样表面可见裂纹及其他缺陷等)对抗压强度有明显影响。表 5-9 反映了这种情况。实验表明,试样两受压面的平行度对抗压强度影响突出;不平行度小于 0.10 mm/cm 时,对抗压强度影响较小;试样的不垂直度小于 0.20 mm/cm 时,对强度影响较小;试样表面有明显裂纹和其他缺陷时,对强度均有影响。

表 5-9 试样规整程度与强度关系

试样号	面积 /cm³	试样规整程度		裂纹缺陷	抗压强度 ×10⁸/Pa	破坏情况
		不平行度 /(mm·cm⁻¹)	不垂直度 /(mm·cm⁻¹)			
1	2.89	<0.05	<0.10	—	5.78	细颗粒破碎
		0.15	0.25	—	4.21	非一次破坏
		—	0.33	—	4.72	较大颗粒破碎
		—	0.25	底砂孔	4.48	非一次破坏
2	6.42	0.10	—	—	3.43	较大颗粒破碎
		—	0.40	—	3.16	大颗粒破碎
		—	0.25	裂纹 2 cm	2.69	非一次破坏
		0.20	—	—	1.76	非一次破坏

考虑到试样上釉将造成测试条件的不统一和烧制困难,因此试样不宜带釉。

垫衬物对抗压强度也有影响,试样受压面和压板平整光滑可以减小摩擦力影响,而加润滑剂、涂石蜡、垫衬纸板都可减小摩擦力影响。垫衬纸对抗压强度的影响见表 5-10。

表 5-10 不同垫衬纸与抗压强度的关系

垫纸种类	垫纸厚度/mm	抗压强度×10⁸/Pa	破坏情况
不垫纸	0	5.85	细颗粒破碎
二层牛皮纸	0.38	4.14	细长颗粒破碎
四层牛皮纸	0.76	3.06	柱状破碎
马粪纸	0.50	3.64	柱状破碎
马粪纸	0.63	3.27	柱状破碎
瓦楞纸	1.25	3.06	柱状破碎

注:试样为标准试样,以 2×10^6 N/s 速度均匀加载。

由表 5-10 可以看出,随着垫纸厚度增加,抗压强度测值降低。当垫上厚为 1 mm 左右的纸板时试验结果比较稳定,且试样破坏时呈柱状破裂,恰与试验无摩擦力影响时呈直裂柱状破坏相类似。即垫上适当厚度的纸板可以减小摩擦力对抗压强度的影响。

5.6.3 仪器设备

经检定合格的 10 t 以上压力试验机 1 台、磨片机 1 台、精度优于 0.10 mm 的游标卡尺 1 把。

5.6.4 实验步骤

(1)试样制备。按生产工艺条件制备直径 20 mm,高 20 mm(粗陶直径 50 mm,高 50 mm)的规整试样 10 件,试样两底面在摩片机上用 100♯金刚砂磨料研磨平整,试样两底面不平行度小于 0.10 mm/cm,试样中心线与底面的不垂直度小于 0.20 mm/cm;将试样清洗干净,剔除有可见缺陷的试样,干燥后待用。

(2)为安全操作,保持设备和场地清洁,试验前作好防护工作。

(3)按照压力试验机操作规程,选择适当量程,调校仪器,并将两压板校验平行,加压出现不平整时,应加工平整。

(4)试样放入加压板正中,两底面垫衬厚为 1 mm 的马粪纸。

(5)以 2×10^2 N/s(粗陶以 15×10^2 N/s)的速度均匀加载,准确读试样一次性破坏(即压力计指针均匀连续移动,不因试样出现中间破裂而停顿)时的压值,否则不予记录。

5.6.5　记录与计算

1. 记录

抗压强度极限测定记录见表 5-11。

表 5-11　抗压强度极限测定记录

试样名称			测定人			测定日期		
试样处理								
编号	试样尺寸 $\phi \times L$/mm	受压面积 A/mm^2	最大压力 P/N	抗压强度极限 σ_c/Pa	舍弃情况	最终结果	备　注	

2. 计算

$$\sigma_c = \frac{P}{A} \qquad\qquad (5-14)$$

式中　σ_c——试样的抗压强度极限,Pa;

　　　P——试样破坏时的压力,N;

　　　A——试样受压面积,m^2。

试样尺寸精确到 0.10 mm,载荷 P 值按压力计精度读取,计算过程应符合数字修约规则数据处理规则。

抗压强度极限的最终结果为 5 个以上测值的平均值,其相对误差不允许超过 10%。

5.6.6　注意事项

(1)试样受压面应为样品制造时的加压面(挤压成型或压制成型)。

(2)一定要按规定均匀加载,如负荷跳跃式突然增大或压力增加速度很快,会使测定结果发生较大的误差,则应予重做试验。

5.6.7　思考题

1. 影响抗压强度极限测定的因素是什么？
2. 从陶瓷的抗压强度极限测定值中,得到什么启示？
3. 何谓环箍效应？

5.7　抗折强度极限的测定

5.7.1　实验目的

(1)了解测定陶瓷材料抗折强度极限的实际意义。
(2)弄懂影响陶瓷材料抗折强度极限的各种因素。
(3)掌握陶瓷材料抗折强度的测定原理和方法。

5.7.2　实验原理

抗折强度极限是试样受到弯曲力作用到破坏时的最大应力。它是用试样破坏时所受弯曲力矩 $M(\mathrm{N} \cdot \mathrm{m})$ 与被折断处的断面模数 $Z(\mathrm{m}^3)$ 之比来表示。本测定方法适应范围为日用陶器、炻器、瓷器常温静弯曲负荷作用下一次折断时抗折强度极限测定;能成型的日用陶瓷材料干燥抗折强度极限测定;石膏、匣钵等辅助材料常温抗折强度极限测定。抗折强度是陶瓷制品和陶瓷材料或陶瓷原料的重要力学性质之一。通过这一性能的测定,可以直观地了解制品的强度,为发展新品种、调整配方、改进工艺、提高产品质量提供依据。

试样尺寸的选择是以试验作基础的,对同一制品分别采用宽厚比为 1:1,1:1.5,1:2 三种不同规格的试样进行试验。证明宽厚比为 1:1 的试样强度最大,分散性较小,因此宽厚比定为 1:1。用与制品生产相同的工艺制作试样时,规定厚度为(10±1)mm,宽度为(10±1)mm,长度视跨距而定。一般跨距为 50 mm 和 100 mm 两种,试样为 70 mm 和 120 mm 两种。测定能成型的日用陶瓷材料和辅助材料(石膏、匣钵等)干燥强度时,由于强度较低,为了便于操作,试样尺寸选得较大些[厚(25±1)mm,宽(25±1)mm,长 120 mm]。如从制品上切取试条时,则以制品厚度为基准,横截面宽厚比为 1:1。

陶瓷制品的抗折强度还取决于坯料组成、生产方法、制造工艺过程的特点(坯料制备、成型、干燥及焙烧条件)等。同一种配方的制品,随着颗粒组成和生产工艺不同,其抗折强度有时相差很大。同配方不同工艺制备的试样,例如挤制成型的圆柱体试样和压制成型的长方形试样,其抗折强度是不同的,所以测定时一定要各种条件相同,这样才能进行比较。

5.7.3　仪器设备

SKZ—500 型数显抗折试验机如图 5-13 所示。

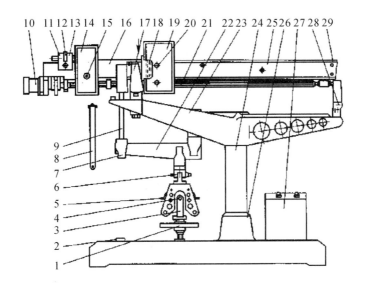

图 5-13　SKZ-500 型数显抗折试验机结构示意图

1—手轮；2—螺母；3—下拉架；4—加荷棍；5—夹具对准板；6—抗折夹具；

7—刀承鹰；8,9—拉杆；10—传动电机；11—光电脉冲发生器；12—小平衡铊；

13—螺帽；14—大平衡铊；15—锁紧螺钉；16—大杠杆；17—扬角指示板；18—游标；

19—游动砝码；20—按钮；21—转动丝杆；22—小杠杆；23—上梁；24—立柱；

25—标尺；26—底座；27—计数显示部分；28—限位开关；29—开关撞板

加荷刀口及支撑刀口，直径 (10 ± 0.1) mm，支撑两个刀口的中心距离 (100 ± 0.1) mm 或 (50 ± 0.1) mm。两个支撑刀口必须在同一平面内，并且互相平行。加荷刀口应处在两个支撑刀口的正中央。精度优于 0.10 mm 的游标卡尺。

5.7.4　实验步骤

(1)试样制备：从三件陶瓷制品的平整部位切取宽厚比为 1∶1，长约 120 mm（或 70 mm）试样 5～10 根。对于直接切取试样有困难的试验制品，可以用与制品生产相同的工艺制作试样。试样尺寸 (10 ± 1) mm $\times$ (10 ± 1) mm $\times$ 120 mm。试样必须研磨平整，不允许存在制样造成的明显缺边或裂纹，试验前必须将试样表面的杂质颗粒清除干净。

(2)测试前必须清除夹具圆柱刀口表面上的粘附物，并使杠杆在无负荷情况下呈平衡状态。

(3)安放试样，使试样长棱与刀口垂直，两支撑刀口与试样端面距离相等，对施釉制品，以着釉面作受力面。

(4)测量试样折断处厚度和宽度，精确到 0.10 mm。

(5)加荷速度：用 SKZ—500 型数显抗折仪时，仪器能本身控制加荷速度。

5.7.5　记录与计算

1. 记录

抗折强度极限测定记录见表 5-12。

表 5 - 12 抗折强度极限测定记录

试样名称			测定人			测定日期	
试样处理							

编号	加荷速度 /(gf/s)	支撑两刀口间距 L/m	折断时负荷 P/N	断面厚度 h/m	断面宽度 b/m	数据舍弃情况	最终结果

2. 计算

抗折强度极限用下式计算,结果保留三位有效数字:

$$\sigma_f = \frac{M}{Z} = \frac{\frac{PL}{4}}{\frac{bh^2}{6}}K = \frac{3PL}{2bh^2}K \tag{5-15}$$

式中 σ_f——抗折强度极限,Pa;

M——弯曲力矩,N·m;

Z——断面模数,m³;

P——试样折断时负荷,N;

L——支撑刀口间距离,m;

b——试样断口处宽度,m;

h——试样断口处厚度,m;

K——杠杆臂比。

数据处理原则:当所有试样的强度观测值的最大相对误差小于或等于 15% 时,则以平均值作为测试结果;当最大相对误差大于 15% 时,则舍去相对误差最大的观测值,然后将剩余值再按上述方法计算验证,直至符合规定为止。舍去的观测值数目若达到试样总数的 40% 时,应重新取样试验,有

$$最大相对误差 = \frac{|最大值(或最小值) - 平均值|}{平均值} \times 100\%$$

5.7.6 注意事项

(1)试样与刀口接触的两面应保持平行,与刀口接触点须平整光滑。

(2)试样安装时,试样表面与刀口接触必须呈紧密状态,而不应受到任何弯曲负荷,否则引起结果误差较大。

5.7.7 思考题

1. 测定陶瓷材料及制品的抗折强度极限的实际意义是什么?试举例说明。

2. 影响抗折强度极限的因素(从结构和工艺方面分析)是什么?

3. 同是测定抗折强度,为什么不同性质的坯料所采用试样的规格不同?

5.8　抗张强度极限的测定

5.8.1　实验目的

(1)了解测定抗张强度极限的实际意义。
(2)了解影响陶瓷材料抗张强度极限的因素。
(3)掌握陶瓷材料抗张强度极限的测定原理和方法。

5.8.2　实验原理

陶瓷材料的抗张强度极限是试样受到拉伸力作用到破坏时的最大应力,它是以 1 m² 横截面积上所受到拉伸应力(N)表示的,这是直接张力测试法的定义。

根据弹性理论,在陶瓷圆柱体试样的径向施加两个方向相反沿着试样长度均匀分布的集中载荷,在承受载荷的径向平面上,产生与该平面相垂直的左右分离的均匀拉伸应力,随着这种应力逐渐增加,最终引起拉伸断裂,拉伸断裂时的应力即为抗张强度极限,这是径向压缩引起拉伸的测试法定义。

陶瓷是脆性材料,几乎不发生塑性变形,根据实验,陶瓷的抗压强度极限最高,抗折强度极限次之,抗张强度极限更次之,抗冲击强度极限最低。例如日用瓷抗压强度极限为 371.4×10^6 Pa,抗折强度极限为 59.88×10^6 Pa,抗张强度极限为 28.13×10^6 Pa,抗冲击强度极限为 $2\ 167.27$ Pa。又如皂石瓷的抗压极限强度为 931.63×10^6 Pa,比生铁的抗压强度极限 833.565×10^6 Pa 还高。皂石瓷的抗折强度极限为 181.4×10^6 Pa,抗张极限强度为 $(54 \sim 83) \times 10^6$ Pa,抗冲击强度极限为 $2 \sim 5$Pa,因此可得出如下关系式:

$$抗张强度(\sigma_t) = (0.5 \sim 0.7)抗折强度(\sigma_f)$$

$$抗张强度(\sigma_t) = \left(\frac{1}{10} \sim \frac{1}{8}\right)抗压强度(\sigma_c)$$

虽然陶瓷的机械强度存在着上述关系,但抗压、抗折、抗张、抗冲击强度的大小又与测试方法、测试条件等有关。测试方法不同,所得到的强度值也不同,这又与试样的尺寸、形状、加载方式、试样与夹具的接触情况等因素有关。利用杆件试样做弯曲试验(见图 5-14)来求得的抗张强度极限值,通常由于方法上的缺陷造成应力分布不均,测得的抗张强度值偏高(即弯曲试验的断裂强度)。

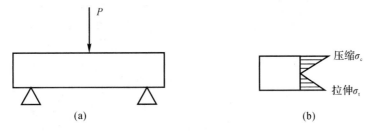

图 5-14　弯曲实验方法

当在试样上直接施加拉伸负荷时[见图 5-15(a)],试样制成 8 字形或哑铃形。由于陶瓷是脆性材料,应变非常小,只要试样的负荷中心线有偏差,试样就会受到剪应力和弯曲应力的影响,尤其受集中应力影响较大,测得的结果总是偏低。国内外普遍认为脆性材料的直接张力试验是比较困难的,问题是要使试样整个断面受到同样大小的拉伸应力目前尚难做到。

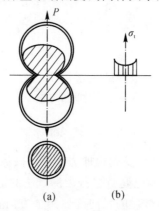

图 5-15   直接拉伸试验方法

在圆柱体试样的径向施加压力时(见图 5-16),试样中将产生均匀的拉伸应力,这种测试方法是测定脆性材料抗张强度的有效方法,国际上不少研究者对这种径向压缩法作了大量实验研究工作。Frocht 指出,符合虎克定律的均匀材料,在圆柱体试样的径向施加载荷时,一个均匀的拉伸应力(σ_t)从径向表面施出。

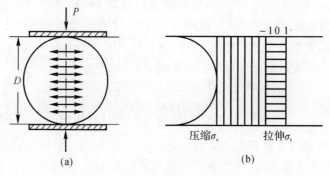

图 5-16   径向压缩实验方法

表 5-13 是用几种测试方法对同一种陶瓷材料而形状不同的试样进行测试的结果比较。通过对比,可见采用径向压缩测试法测定陶瓷材料的抗张强度极限是比较先进的、科学的。

表 5-13   几种测试方法测得的抗张强度极限值及相对误差比较

方法	弯曲试验法	直接张力试验法				径向压缩试验法	
形状	矩形截面试样	哑铃状试样	葫芦状试样	8 字形试样	产品上切取8 字形试样	圆柱体试样	立方体试样
抗张强度极限×10⁴/Pa	73 20	2 530	2 150	1 170	2 090	3 240	
相对误差/%	11.3	25	19	15	22	14	22

试样形状可以是立方体或圆柱体,前者测试时在试样上下对称地各毡一根长度大于试样边长的圆弧钢垫条,圆弧与试样接触,使试样受线载荷;后者测试时只要两中心线与试验机加压板接触即可。两种试样形状不同,但测试原理却完全相同。考虑立方体试样受压面的平行度不如圆柱体试样两中心线的平行度容易达到要求及立方体试样测试时需加垫条,易引起结果分散性增大,而圆柱体试样只在压板下受径向压缩,操作方便,结果分散性小,因此选用圆柱体试样作为标准试样。

圆柱体试样尺寸大小对径向压缩测试结果是有影响的。表 5-14 是两种尺寸的试样测试结果比较。

表 5-14　两种尺寸的试样测试结果比较

试样尺寸 $D \times L$/cm	1.58×1.70	2.79×2.87
$\sigma_t \times 10^4$/Pa	3 260	3 160

考虑试样制备、烧成及测试等因素,试样尺寸定为 $D(20 \pm 2)$mm,$L(20 \pm 2)$mm,对于粗陶则定为 $D(50 \pm 5)$mm,$L(50 \pm 5)$mm。

5.8.3　仪器设备

经检验合格的有 5 t 级的压力试验机;精度优于 0.10 mm 的游标卡尺 1 把;用于抗折强度测定的仪器设备只要改换夹具即可用于抗张强度测定。

5.8.4　实验步骤

1. 规整圆柱体试样

(1)试样制备。按生产工艺条件制备直径 D 为 (20 ± 2)mm、长度 L 为 (20 ± 2)mm 粗陶试样 D 为 (50 ± 5)mm,L 为 (50 ± 5)mm 的规整圆柱体试样 10~15 件(试样不允许有轴向变形)。在试样上选择合适的负载中心线,两中心线不平行度小于 0.10 mm/cm。蹦底面研磨平整,与中心线不垂直度小于 0.20 mm/cm。将试样清洗干净,剔除有明显缺陷和有明显圆度误差的试样,干燥后待用。

(2)为安全操作,保持设备和场地清洁,测试前应作好防护工作。

(3)按照试验机操作规程,选择量程,调校仪器,并将两压板校验平行,加压板出现不平整时,应加工平整。

(4)试样横放在加压板正中,两中心线与加压板之间垫衬厚为 1 mm 的马粪纸。

(5)以 4×10^2 N/s(粗陶以 20×10^2 N/s)的速度均匀加载,准确读取并记录试样破坏时的压力值。

2. 哑铃形或 8 字体试样

如用哑铃形或 8 字体试样在一般抗张强度杠杆仪上进行直接张力测试时,则实验步骤为:

(1)将仪器上所有棱形刀口安放在应放的位置,移动平衡锤使杠杆达到平衡。

(2)将 8 字体试样装入上钩环与下钩环之间,并在 8 字体与钩环之间垫上纸板或绘图纸,使两者能紧密地接触。

(3)用左手扶住试样,右手旋动螺钉,使上下钩环的各端与 8 字体试样的侧面紧密接触。

(4)挂上弹丸桶,开启档板并控制弹丸流出器弹丸的流速(100～200 gf/s),使弹丸流入桶中。当弹丸与小桶的重量达到试样拉断荷重时,试样即被断裂,此时由于桶落在杠杆装置之上,使档板关闭,弹丸便停止流出。

(5)用卡尺测量 8 字体试样断口处的尺寸(精确至 0.01 mm)。

(6)本试验应进行 10 个平行测定。

5.8.5　记录与计算

1. 规整圆柱体试样

(1)抗张强度极限测定记录见表 5 - 15。

表 5 - 15　抗张强度极限测定记录

试样名称		测定人		测定日期	
试样处理					
编号	$D \times L/m$	最大压力 P/N	σ_t/Pa	舍弃情况	最终测定结果

(2)计算:

$$\sigma_t = \frac{2P}{\pi DL} \qquad\qquad (5-16)$$

式中　σ_t——试样的抗张强度极限,Pa;

　　　P——试样破坏时的压力,N;

　　　D——圆柱体试样的直径,m;

　　　L——圆柱体试样的长度,m。

试样尺寸精确到 0.1 mm,P 值按压力计精度读取,计算过程应符合数字修约规则和数据处理规则;抗张强度极限的最终结果为 5 个以上试样测值的平均值,其相对误差不允许超过 15%。

2.8 字体试样

(1)记录见表 5 - 16。

表 5 - 16　抗张强度极限测定记录

试样名称		测定人		测定日期	
试样处理					
编　号	颈部横截面积 F/m^2	试样断裂时弹丸加小桶重量 G/N	拉断应力 P/N	抗张强度极限 σ_t/Pa	相对误差 /(%)	备　注

(2)计算：

$$\sigma_t = \frac{P}{F} = \frac{50G}{F} \tag{5-17}$$

式中　σ_t——抗张强度极限，Pa；

P——拉断应力，N；

G——试样断裂时弹丸加小桶重量，N；

F——试样断裂时颈部横截面积，m^2；

50——仪器杠杆臂比。

5.8.6　注意事项

(1)利用模型成型试样时，不应使试样在模内阴干，以免由于收缩关系使模颈产生裂纹。

(2)严格控制加载速度，尤其在进行平行试验时每次均须一致。

(3)选用的垫衬应为较硬材料，如纸板等，以使荷载均匀分布。

5.8.7　思考题

1. 抗张强度的几种测定方法，其异同点是什么？哪一种方法最合理？

2. 影响抗张强度测定结果的因素是什么？

3. 为什么直接张力测定结果总是偏低？

4. 用径向压缩拉伸测试法测定陶瓷材料的抗张强度所用拉伸应力

$$\sigma_t = \frac{2P}{\pi DL}$$

这一公式对试样有两个要求，即第一试样必须是脆性材料，第二试样必须是圆柱体。符合上述要求则测试时圆柱体会被压裂成两个半圆，即如图 5-16(b)所示被拉伸成两半，而研究者用陶瓷试样测试结果不是被拉伸成两半，而是压碎了。原因是陶瓷不是完全的脆性材料，同时圆柱体也有些成扁平状。因此陶瓷材料采用径向压缩拉伸测试法还需要在此公式中乘上一个系数，但是这个系数尚未研究出来，尚待进一步实验研究确定。

5.9　冲击韧度的测定

5.9.1　实验目的

(1)了解测定冲击韧度的实际意义。

(2)了解影响冲击韧度测值的因素。

(3)掌握冲击韧度的测定原理和方法。

5.9.2　实验原理

陶瓷材料或制品的冲击韧度是衡量陶瓷抵抗动负荷的能力。陶瓷材料抵抗冲击的能力可用使试样损坏的外力所做的功来计量。使试样破坏的外力通常是重力，即落在试样上的金属球、梨形锤、摆锤的重量。外力作用物的形状及重量随各种仪器的不同而不同。

陶瓷是一种脆性材料,在检选加工搬运和使用过程中都要受到冲击力的作用,而且容易破损。陶瓷制品的抗冲击强度或冲击韧度同其他机械强度一样,与坯釉组成、成型方法、干燥烧成条件以及试样表面状态、裂纹及其他缺陷等因素有关。测定冲击韧度,对于调整配方、改进工艺、产品包装、运输等均有指导意义。

试样尺寸采用厚度(4±0.2)mm,宽度(4±0.2)mm,长度不小于 50 mm。或 4 mm×6 mm×50 mm,在中央开 2 mm 深的槽使断口截面为 4 mm×4 mm 的正方形。

5.9.3 仪器设备

XCJ—40 型冲击试验机 1 台,量程选用 5 kg·cm 挡,支座跨距为 40 mm。能读到 0.10 mm 的游标卡尺 1 把。

5.9.4 实验步骤

(1)试样制备。在三件制品上切取比标准试样尺寸略大的毛坯 10 根,然后加工成标准试样。对于直接切取上述试样有困难的试验制品,可以用与制品生产相同的工艺制作试样。

(2)试样必须研磨平整,不允许存在制样造成的缺边或裂纹。试验前,必须将试样表面杂质颗粒清除干净。

(3)安装摆锤,校准仪器(参看仪器说明书)。

(4)装好试样。

(5)将摆锤提高到预扬角位置,被动指针放在右侧 10°处,释放摆锤使之自由下落。当冲断试样后,指针所指的能量值即为试样所吸收的冲击功。

(6)测量试样断裂处的厚度和宽度,精确到 0.1 mm。

5.9.5 记录与计算

1. 记录

冲击韧性测定记录见表 5-17。

表 5-17　冲击韧度测定记录

试样名称		测定人		测定日期	
试样处理					

编号	断面 (厚×宽) /mm²	断面截面积 F/m^2	试样吸收的冲击功 $W/N·m$	冲击韧度最终结果 $A_K/(N·m/m^2)$	支座跨距 /mm	数据舍弃情况

2. 计算

$$A_K = \frac{W}{F} \tag{5-18}$$

式中　A_K——冲击韧度,N·m/m²;

　　　W——试样所吸收的冲击功,N·m;

F——试样断裂处横截面积，m^2。

5.9.6　注意事项

(1)不论采用何种试验方法，都可以把破坏功换算成试样单位体积或单位面积上的功。但是只有在试样的形状尺寸完全相同时，各种试验方法所得的结果才能互相比较。

(2)根据不同公式计算出来的破坏功的指标同样不能互相比较。

5.9.7　思考题

(1)测定冲击韧度的实际意义是什么？

(2)影响冲击韧度的因素是什么？

(3)为什么陶瓷材料和陶瓷制品的抗冲击强度特别低(相对于抗压、抗折、抗张强度而言)？

5.10　绝缘电阻的测定

5.10.1　实验目的

(1)了解绝缘材料的导电机理。

(2)了解高阻计测量材料电阻率的基本原理。

(3)掌握常温下用高阻计三电极系统测量材料绝缘电阻的方法。

5.10.2　实验原理

材料的导电性质(导电性能的大小)在科学技术上具有极为重要的意义。随着现代科技的不断发展，利用材料的导电性能已制成电阻、电容、导电材料、半导体材料、绝缘材料以及其他电子材料器件，应用范围日益广泛。例如，导电橡胶、导电塑料、导电胶等以聚合物与导电性物质复合而成的新型导电材料，一方面它们具有较好的弹性、耐磨性或气密性，另一方面又具有优良的导电性，因此在许多特殊场合中得到应用。此外，绝缘材料主要是用来使电气元件相互之间绝缘，以及元件与地面绝缘。如果绝缘构件的绝缘电阻太小，不仅浪费电能，还会因局部过热导致仪器不能正常工作，甚至损害整个仪器。电介质的绝缘电阻是评价电介质材料性能的重要参数。因此，研究和测量材料的导电性能在实际工作中十分重要。

1. 材料的绝缘电阻

材料之所以导电是由于内部存在的各种载流子在电场作用下沿电场方向移动的结果。固体介质的电导分为两种类型：即离子电导和电子电导。对于一般材料，特别是用作绝缘材料的固体介质，正常条件下的主要作用是离子电导，而当温度和电场强度增加时，电子电导的作用会增大。衡量材料导电难易程度的物理量为电阻率(ρ)或电导率(γ)。一般电阻率小于 $10^2\ \Omega \cdot m$ 的固体材料称为导体；电阻率大于 $10^{12}\ \Omega \cdot m$ 的固体材料称为绝缘体；电阻率介于两者之间的材料称为半导体。

(1)绝缘电阻。绝缘电阻是表示绝缘材料阻止电流通过能力的物理量，它等于施加在样品上直流电压与流经电极间的稳态电流之比，即 $R = \dfrac{V}{I}$。

由图 5-17 可知,稳态电流包括流经试样体内电流 I_v 与试样表面电流 I_s 两项,即 $I = I_v + I_s$,代入上式,得

$$\frac{1}{R} = \frac{1}{R_v} + \frac{1}{R_s} = \frac{I_v}{V} + \frac{I_s}{V} \tag{5-19}$$

式中　R——试样体积电阻,Ω;

　　　R_v——试样表面电阻,Ω。

式(5-19)表明绝缘电阻实际上是体积电阻与表面电阻的并联。

(2)体积电阻率。体积电阻率的定义是沿体积电流方向的直流电场强度与稳态体积电流密度之比,即 $\rho_v = \dfrac{E_v}{j_v}$。对于图 5-17 的电路则可写成

$$\rho_v = R_v \frac{S}{t} \tag{5-20}$$

式中　S——电极的有效面积,cm^2;

　　　t——两电极间的距离,cm。

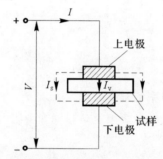

5-17　绝缘电阻与体电阻、表面电阻的关系

(3)表面电阻率。表面电阻率的定义是沿表面电流方向的直流电场强度与稳态下单位宽度的电流密度之比,即 $\rho_s = \dfrac{E_s}{j_s}$。表面电阻率是衡量材料漏电性能的物理量,它与材料的表面,状态及周围环境条件(特别是湿度)有很大的关系。对图 5-17 的电路,可写成

$$\rho_s = \frac{E_s}{j_s} = \frac{b}{a} R_s \tag{5-21}$$

式中　b——电极的周长,cm;

　　　a——两电极间的距离,cm。

2.测试原理及仪器电路结构

测定绝缘电阻的方法主要有电压-电流表法(测量 $10^9\ \Omega$ 以下的绝缘电阻)、检流计法($10^{12}\ \Omega$ 以下)、电桥法($10^{15}\ \Omega$ 以下)以及高阻计法。其中高阻计测量的阻值较高,测量范围较广,而且操作方便。本实验采用高阻计测量绝缘电阻。

(1)仪器测试原理。图 5-18 为高阻计法测量的基本电路,由图可见:当测试直流电压 V 加在试样 R_x 和标准电阻 R_0 上时,回路电流 I_x 为

$$I_x = \frac{V}{R_x + R_0} = \frac{V_0}{R_0}$$

整理上式,得

$$R_X = \frac{V}{V_0}R_0 - R_0 \qquad (5-22)$$

实际上 R_X 远大于 R_0，近似得：

$$R_X = \frac{V}{V_0}R_0 \qquad (5-23)$$

由式(5-23)可见，R_X 与 V_0 成反比。如果将不同 V_0 值所对应的 R_X 值显示在高阻计的表头上，便可直接读出被测试样的阻值。

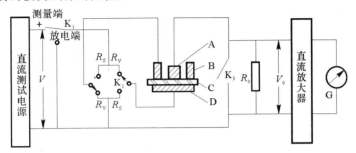

图 5-18　高阻计法测量的基本电路示意图

K_1—测量与放电开关；K_2—$R_V R_S$ 转换开关；K_3—输入短路开关；R_0—标准电阻；

A—测量电极；B—保护电极；C—试样 R_X；D—底电极

(2)电极系统。图 5-19 是通常采用的平板试样三电极系统。采用这种三电极系统测量体电阻时，表面漏电流由保护电极旁路接地。而测量表面电阻时，体积漏电流会由保护电极旁路接地。这样便将试样体积电流和表面电流分离，从而可以分别测出体积电阻率和表面电阻率。在测试过程中，三电极系统和试样都必须置于屏蔽箱内。

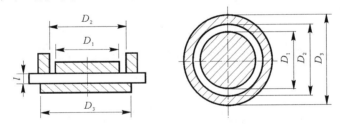

图 5-19　平板试样三电极系统

体积电阻率 ρ_V 为：

$$\rho_V = \frac{E_V}{j_V} = \frac{V}{t} \Big/ \frac{I_S}{S} = \frac{V}{I_V} \cdot \frac{\pi D_1^2}{4t} = R_V \cdot \frac{\pi D_1^2}{4t} \qquad (5-24)$$

式中　D_1——测量电极的有效直径，m

t——试样的厚度，m。

表面电阻率 ρ_S 为

$$\rho_S = \frac{E_S}{j_S} = \frac{V}{r \ln \frac{r_2}{r_1}} \Big/ \frac{I_S}{2\pi r} = \frac{V}{I_S} \cdot \frac{2\pi}{\ln \frac{D_2}{D_1}} = R_S \cdot \frac{2\pi}{\ln \frac{D_2}{D_1}} \qquad (5-25)$$

在实验测量中还要注意电极材料的选择。电极材料应选取能与试样紧密地接触的材料，而且不会因施加外电极引进杂质而造成测量误差，还要保证测量使用的方便、安全等。常用的电极材料有退火铝箔、喷镀金属层、导电粉末、烧银、导电橡胶、黄铜和水银电极等。本实验采用接触性良好的烧银制备接触电极。

5.10.3　仪器设备

ZC—36 型 $10^{17}\Omega$ 超高电阻 10^{-14} A 微电流测试仪(包括附件 1 套),或 CGZ—17 型超高阻绝缘电阻测试仪(包括附件 1 套)。千分卡尺、干燥温度计、镊子、室温银浆。

5.10.4　实验步骤

1. 试样制备

(1)选取平整、均匀、无裂纹、无机械杂质等缺陷的试样。绝缘电阻试样切成边长为 10 mm,厚度为 1 mm 的方形试样;或者加工成直径 10 mm,厚度为 1 mm 的圆形试样,试样的数量不少于 3 个。

(2)由于环境温度和湿度对电阻率有明显的影响,为了减小误差,并使结果具有重复性与可比性,绝缘电阻试样在测量前应进行预处理,条件见表 5-18。预处理结束后,将试样置于干燥器中冷却至室温待用。

表 5-18　预处理条件

试样	温度/℃	相对湿度/％	时间/h
A	20±5	65±5	≥24
B	70±2	＜40	4
C	105±2	＜40	1

2. 测试环境要求

国家标准所规定常温为(20±5)℃,相对湿度为(65±5)％。实验环境条件最好能符合标准,至少不与所需条件相差太大。

3. 仪器的准备

现在介绍"ZC—36 型 10^{17} Ω 超高电阻 10^{-14} A 微电流测试仪"的准备。

(1)线路的连接。1)将电缆线的一端接在高阻计面板上的"R_X"输入插座中,另一端接至电极箱一侧的"测量端"插座中,并旋紧固定套。

2)将测试电源线的一堵接至高阻计面板上的"R_X"测试电压接线柱(红色)上,另一端接至电极箱的"高压端"测试电压接线柱(红色)上。

3)将接地线的一端接至高阻计面板的"R_X"接地端钮上,另一靖接至电极箱另一侧的"接地端"上并一起接地。

4)将电极箱内"测量端"插座上的连接线接至测量电极的接线柱上,再将转换开关上的连线接至环电极的接线柱上。

(2)通电前仪器面板上各开关的位置。

1)电源开关旋钮置于"关"的位置上。

2)"放电—测试"开关(K_1)置于"放电"位置上。

3)"测试电压"开关置于低挡(10 V)。

4）"倍率"开关置于最低量程上。

5）输入端短路按钮(K_3)应放在短路位置上,使放大器输入短路。

6）电表指针在机械零点处。

7）电表极性开关置于中间的"0"处。

8）接通电源、打开电源开关,开机预热 15 min,以驱散机内的潮气。若指示灯不亮,应立即切断电源,待查明原因后再开机。

4. 测试步骤

(1)从干燥器中取出试样块,迅速用千分卡尺测量试样块的尺寸:方形试样每边测量 3 次,圆形样品直径测量 3 次,取算术平均值,厚度测量误差不大于 1%。样品尺寸的测量也可在测出电阻后进行。

(2)用细毛笔在样品表面涂覆银浆,待银浆干燥后涂另一面,两面均干燥后用细砂纸把圆周或者四周的银轻轻打磨干净。

(3)将待测试样安放在电极箱内,安放时应注意:3 个电极应保持同心,间隙距离必须均匀;电极与试样应保持良好接触,环电极的光洁度一面应吻合接触试样,切勿倒置;试样放好后,盖上电极箱盖。

(4)电表极性开关置于"+"的一边上。

(5)调整调零旋钮,使指针指在"0"点(对电阻则为∞)。

(6)先测表面电阻,将"R_s-R_V"转换开关(K_2)置于 R_s 处,电压选择开关选 500 V。

(7)将"放电－测试"开关拨向"测试"位置,对试样充电 15 s,然后打开短路开关。若此时指针没有读数,可逐档升高倍率,直至能清晰的读数为止,待输出短路开关打开一分钟后,立即读出表头的数值。

$$被测电阻＝表头读数×倍率×测试电压系数×10^6(\Omega)$$

(8)读数以后,关上输入短路开关。将"测试-放电"开关置于"放电"位置,使试样放电 1 min。

(9)然后测试体积电阻。先将"R_s-R_V"转换开关(K_2)置于 R_V 处,测试电压为 1 000 V,按照步骤 8~9 进行测试。读数完毕后使试样放电 1 min,取出样品。

(10)换另一个样品,按照步骤(1)~(10)进行测试。

应当注意,当试验环境达不到规定的条件时,每个试样从干燥器中取出到测试完毕所需的时间应尽量短,一般要求在几分钟内测试完毕。为此,可以先测样品的绝缘电阻,再测量样品的厚度。

5.10.5　记录与计算

1. 记录

计算公式中所需的电极尺寸见表 5－19,实验记录应包括表 5－20 中所列的内容。

表 5－19　电极尺寸

试样 形状	电极尺寸/mm			测量电极与环电极的 间隙/mm
	测量电极(D_1)	环电极(D_2)	下电极(D_3)	
圆形	直径 50 ±0.1	内径 54 ±0.1	直径＞74	2 ±0.2

表 5 – 20　实验数据记录表

预处理条件		温度/℃				测试条件	温度/℃			
		相对湿度/(%)					相对湿度/(%)			
		时间/h					施加电压/V			
样品编号	样品厚度/cm	表面电阻率					体积电阻率			
		电压系数	倍率	读数/10⁻⁶ Ω	电阻率/(Ω·cm)	电压系数	倍率	读数/10⁻⁶ Ω	电阻率/Ω·cm	
1										
2										
3										
4										
5										
平均电阻率		$\rho_s =$		Ω·cm			$\rho_v =$		Ω·cm	

2. 计算

体积电阻率和表面电阻率分别用式(5 – 24)和式(5 – 25)来计算。实验结果以各次试验数值的算术平均值计算,并以带小数的个位数乘以 10 的几次方来表示,取两位有效数字。

5.10.6　注意事项

(1)在实验测量中还要注意电极材料的选择。电极材料应选取能与试样紧密地接触的材料,而且不会因施加外电极引进杂质而造成测量误差,还要保证测量使用的方便、安全等。

(2)将待测试样安放在电极箱内时应注意,3 个电极应保持同心,间隙距离必须均匀;电极与试样应保持良好接触,环电极的光洁度一面应吻合接触试样,切勿倒置;试样放好后,盖上电极箱盖。

(3)当试验环境达不到规定的条件时,每个试样从干燥器中取出到测试完毕所需的时间应尽量短,一般要求在几分钟内测试完毕。为此,可以先测样品的绝缘电阻,再测量样品的厚度。

5.10.7　思考题

1. 测试环境对电阻率的测定有无影响,为什么?
2. 测试中,为何要先测量表面电阻,后测量体积电阻?
3. 测试时的读数时间为什么一般定为 1 min?

5.11　阻温曲线的测定

5.11.1　实验目的

(1)了解材料导电率随温度变化的机理。
(2)掌握材料阻温曲线的测测试方法。

5.11.2　实验原理

导电材料,尤其是半导体陶瓷材料的导电率与温度之间有很强的依赖关系,常常可以利用这种变化关系,把这类材料应用在不同的领域。因此,弄清材料导电率随温度的变化规律,可为材料的实际应用提供了理论基础。

1.　阻-温曲线原理

电阻-温度特性常简称为阻-温特性,指在规定的电压下,电阻器的零功率电阻值与电阻体温度之间的关系。零功率电阻值是在某一规定的温度下测量电阻器的电阻值,测量时应保证该电阻的功耗引起的电阻值的变化达到可以忽略的程度。电阻器的阻-温特性曲线一般采用单对数坐标系,线性横坐标表示温度,对数纵坐标表示电阻值,如图 5-20 所示。

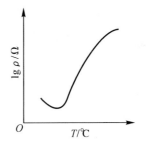

图 5-20　阻-温特性曲线示意图

从电阻器的阻-温曲线可获得所测温度区域,电阻器的最大电阻值、最小电阻值以及电阻温度系数。若是正温度系数(PTC)或负温度系数(NTC)半导体材料还可得知电阻值产主突变的温度点,即居里温度点。

2.　测试原理

测量材料的阻-温曲线采用 RT 电阻温度特性测定仪进行的,其测量原理电路示意图如图 5-21 所示。

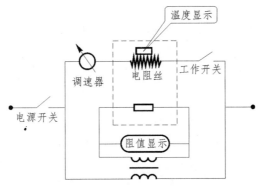

图 5-21　阻-温曲线测量电路示意图

当温度为 t 时,电阻变化的百分率可表示为

$$\delta_t = \frac{\Delta R_t}{R_0} \times 100\% \qquad\qquad (5-26)$$

式中　$\Delta R_t = R_t - R_0$，R_0——室温时的电阻值，Ω；

R_t——温度为 t 时的电阻值，Ω。

当温度为 t 时，电阻变化的平均百分率可用表示为

$$\delta_1 = \delta_t / t \qquad\qquad (5-27)$$

5.11.3　仪器设备

RT 电阻温度特性测定仪。游标卡尺、镊子、高温银浆和无水乙醇。

5.11.4　实验步骤

1. 试样制备

选取平整、均匀、无裂纹、无机械杂质等缺陷的试样，测量试样直径为 12 mm 的圆形试样，厚度 1 mm，试样的数量不少于 3 个。

(1)从干燥器中取出试样，迅速用游标卡尺测量试样块的尺寸：圆形样品直径测量 3 次，取算术平均值，厚度测量误差不大于 1%。样品尺寸的测量也可在测出电阻后进行。

(2)用细毛笔在样品表面涂覆银浆，待银浆干燥后涂另一面，两面均干燥后以 5 ℃/min 升温速率在 600 ℃保温 20 min 烧制银电极。

(3)待炉温降至室温，把样品从炉中取出，用细砂纸把圆周银轻轻打磨干净。

2. 测试环境

我国国家标准所规定常温为(20±5)℃，相对湿度为(65±5)%。实验环境条件最好能符合标准，至少不与所需条件相差太大。

3. 仪器的准备

将本仪器放置在坚固的工作台上，插好电源。

4. 测试步骤

(1)揭开炉盖，将被测电阻装在测试棒上，然后盖上炉盖。

(2)根据被测试电阻的阻值，选择合适的电阻值量程。

(3)调节升温速度旋钮，(在仪器后板)选择合适的升温速率。

(4)拨"电源开关"至开的位置，显示温度值和电阻值。

(5)拨"工作开关"至开的位置，加热炉开始升温。

(6)记录温度和电阻的对应值。

(7)温度升至需要的实验温度，拨"工作开关""电源开关"至关的位置，实验完毕。

5.11.5　记录与计算

1. 电阻变化率的计算

按式(5-26)和式(5-27)计算温度 t 时电阻变化的百分率和温度 t 时电阻变化的平均百分率。

2. 绘制阻-温曲线

根据所得数据在坐标纸上绘出"阻-温曲线"，并分析试样的最大电阻、最小电阻以及电阻-

温度变化的规律。

5.11.6　注意事项

(1)在实验测量中还要注意电极材料的选择。电极材料应选取能与试样紧密地接触的材料,而且不会因施加外电极引进杂质而造成测量误差,还要保证测量使用的方便、安全等。

(2)将待测试样安放在测试设备内时应注意,测试棒与试样应保持良好接触,试样放好后,盖上电极箱盖。

(3)当试验环境达不到规定的条件时,每个试样从干燥器中取出到测试完毕所需的时间应尽量短,一般要求在几分钟内测试完毕。为此,可以先测试样品的阻-温曲线,再测量样品的厚度。

5.11.7　思考题

1. 测量阻-温曲线有何实际意义?
2. 测试环境对阻-温曲线的测定有无影响?
3. 测试中的升温速率快慢是否对测试结果有影响?

5.12　介电性能的测定

5.12.1　实验目的

(1)探讨介质极化与介电常数、介电损耗的关系。
(2)了解高频品质因数表的工作原理。
(3)掌握室温下用高频品质因数表测定材料的介电常数和介电损耗角正切值。

5.12.2　实验原理

介电特性是电介质材料极其重要的性质。在实际应用中,电介质材料的介电常数和介电损耗是非常重要的参数。例如,制造电容器的材料要求介电常数尽量大而介电损耗尽量小。相反地,制造仪表绝缘机构和其他绝缘器件的材料则要求介电常数和介电损耗都尽量小。而在某些特殊情况下,则要求材料的介质损耗较大。所以,研究材料的介电性质具有重要的实际意义。

1. 材料的介电常数

按照物质电结构的观点,任何物质都是由不同性的电荷构成,而在电介质中存在原子、分子和离子等。当固体电介质置于电场中后,固有偶极子和感应偶极子会沿电场方向排列,结果使电介质表面产生等量异号的电荷,即整个介质显示出一定的极性,这个过程称为极化。极化过程可分为位移极化、转向极化、空间电荷极化以及热离子极化。对于不同的材料、温度和频率,各种极化过程的影响不同。

(1)材料的相对介电常数 ε。介电常数是电介质的一个重要性能指标。在绝缘技术中,特别是选择绝缘材料或介质储能材料时,都需要考虑电介质的介电常数。此外,由于介电常数取决于极化,而极化又取决于电介质的分子结构和分子运动的形式。因此,通过介电常数随电场强度、频率和温度变化规律的研究还可以推断绝缘材料的分子结构。

介电常数的一般定义:电容器两极板间充满均匀绝缘介质后的电容,与不存在介质时(即真空)的电容相比所增加的倍数。其数学表达式为

$$C_X = \varepsilon C_{a0} \tag{5-28}$$

式中　C_X——两极板充满介质时的电容,F;

　　　C_{a0}——两极板为真空时的电容,F;

　　　ε——电容量增加的倍数,即相对介电常数。

从电容等于极板间提高单位电压所需的电量这一概念出发,相对介电常数可理解为表征电容器储能能力程度的物理量。从极化的观点来看,相对介电常数也是表征介质在外电场作用下极化程度的物理量。一般来讲,电介质的介电常数不是定值,而是随物质的温度、湿度,外电源频率和电场强度的变化而变化。

(2)材料的介质损耗。介质损耗是电介质材料基本的物理性质之一。介质损耗是指电介质材料在外电场作用下发热而损耗的那部分能量。在直流电场作用下,介质没有周期性损耗,基本上是稳态电流造成的损耗;在交流电场作用下,介质损耗除了稳态电流损耗外,还有各种交流损耗。由于电场的频繁转向,电介质中的损耗要比直流电场作用时大许多(有时达到几千倍),因此介质损耗通常是指交流损耗。

从电介质极化机理来看,介质损耗包括以下几种:①由交变电场换向而产生的电导损耗;②由结构松弛而造成的松弛损耗;③由网络结构变形而造成的结构损耗;④由共振吸收而造成的共振损耗。

在工程中,常将介质损耗用介质损耗角正切 $\tan\delta$ 来表示。现在讨论介质损耗角正切的表达式。

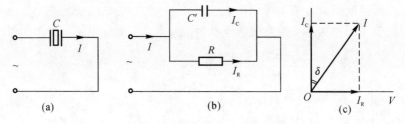

图 5-22　介质损耗的等效电路

如图 5-22 所示,由于介质电容器存在损耗,因此通过介质电容器的电流向量 $\vec{I}$,并不超前电压向量 $\vec{V}$ 的 $\dfrac{\pi}{2}$,而是 $\left(\dfrac{\pi}{2} - \delta\right)$ 角度。其中,δ 称为介质损耗角。如果把具有损耗的介质电容器等效为电容器与损耗电阻的并联电路,如图 5-22 (b)所示,则可得

$$\tan\delta = \frac{I_R}{I_C} = \frac{1}{\omega RC} \tag{5-29}$$

式中　ω——电源角频率,r/s;

　　　R——并联等效交流电阻,Ω;

　　　C——并联等效交流电容,F。

通常称 $\tan\delta$ 为介质损耗角正切值,它表示材料在一周期内热功率损耗与储存之比,是衡量材料损耗程度的物理量。

2. 测试原理及仪器电路结构

通常测量材料介电常数和介电损耗角正切的方法有两种:交流电桥法和品质因数表测量法。其中品质因数表测量法在测量时由于操作与计算比较简便而广泛采用。本实验介绍这种测量方法。

(1)品质因数表测量介电常数和介电损耗角正切的原理。品质因数表的测量回路是一个简单的 R－L－C 回路,如图 5－23 所示。当回路两端加上电压 V 后,电容器 C 的两端电压为 V_C,调节电容器使回路谐振后,回路品质因数 Q 就可用表示为:

$$Q = \frac{V_C}{V} = \frac{\omega L}{R} = \frac{1}{\omega RC} \tag{5-30}$$

式中　R ——回路电阻,Ω;

L ——回路电感,H;

C ——回路电容,F。

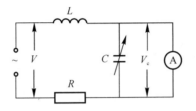

图 5－23　品质因数表测量原理图

由式(5－30)可知,当输入电压 V 不变时,则 Q 与 V_C 成正比。因此在一定输入电压下,V_C 值可直接标示为 Q 值。品质因数表即根据这一原理来制造。

QBG—3 型高频品质因数表的电路如图 5－24 所示。它由稳压电源、高频信号发生器、定位电压表 CB_1、Q 值电压表 CB_2、宽频低阻分压器以及标准可调电容器等组成。工作原理简述如下:高频信号发生器(采用哈脱莱电路)的输出信号,通过低阻抗耦合线圈将信号馈送至宽频低阻抗分压器。输出信号幅度的调节是通过控制振荡器的帘栅极电压来实现。当调节定位电压表 CB_1 指在定位线上时. R_i 两端得到约 10 mV 的电压(V_i)。当 V_i 调节在一定数值(10 mV)后,可以使测量 V_C 的电压表 CB_2 直接以 Q 值刻度,即可直接的读出 Q 值,而不必计算。另外,电路中采用宽频低阻分压器的原因是:如果直接测量 V_i 必须增加大量电子组件才能测量出高频低电压信号,成本较高。若使用宽频低阻分压器后则可用普通电压表达到同样目的。

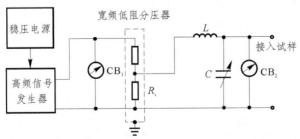

图 5－24　QBG—3 型高频品质因数表测量电路图

介电常数 ε 和介电损耗角正切 $\tan\delta$ 的推导如下。

设未接入试样时,调节 C 使回路谐振(即 Q 值达到最大),谐振电容读数为 C_1,品质因数表

读数为 Q_1。接上试样后再调节 C 至谐振,谐振电容的读数为 C_2,Q 表读数为 Q_2。因为两次谐振 L,f 不变,所以两次谐振时的电容应相同,即

$$C_0 + C_1 = C_0 + C_2 + C_x \tag{5-31}$$

式中　C_0——测试线路的分布电容和杂散电容,F。

代入式(5-28),可得

$$\varepsilon = \frac{C_1 - C_2}{C_{a0}} \tag{5-32}$$

式中　C_{a0}——电容器的真空电容量,F。

根据实际的电极形状来计算。同样可以讨论 tanδ 的计算,得出以下结果:

$$\tan\delta = \frac{C_0 + C_1}{C_1 - C_2} \cdot \frac{Q_1 - Q_2}{Q_1 \cdot Q_2} \tag{5-33}$$

式中　C_0——测试线路的分布电容和杂散电容之和,F;

C_1、Q_1——未接入试样前的电容值,F,Q 值;

C_2、Q_2——接入试样后的电容值,F,Q 值。

(2)电极系统。在测量材料的相对介电系数和介电损耗角正切时,电极系统的选择很重要,通常分为两电极系统和三电极系统。一般来说,在低频情况下,表面漏电流对介电损耗角正切的影响较大,必须采用三电极系统;而在高频情况下,一方面表面漏电流的影响较小,另一方面高频测量一般采用谐振法,该方法只能提供两个测试端,因此只能用二电极系统。

当采用二电极系统时,其平板试样与电极形状常为圆形。因此,介电常数的计算公式可具体写成

$$\varepsilon = 0.144 \frac{(C_1 - C_2)\, t}{D^2} \tag{5-34}$$

式中　t——试样的厚度,m;

D——测量电极的直径,m;

C_1, C_2——未接入试样前和接入试样后的的电容值,F。

在测量前,为了使试样与电极有良好的接触,试样上必须黏贴金属箔或喷涂金属层等电极材料。本实验中,我们采用导电性良好的烧银电极作为接触电极。试样与电极的尺寸见表 5-21(t 代表厚度)。

表 5-21　二电极与试样尺寸

试　样	试样尺寸/mm	电极尺寸/mm		频率范围
		测量电极	接地电极	
圆形	直径≥(50+4t)	直径 50 ±0.1	直径 50 ±0.1 直径≥(50+4t)	高频
	直径 50	直径 50 ±0.1	直径 50 ±0.1	

5.12.3　仪器设备

QBG—3 型高频品质因数表 1 台,包括烘箱、干湿度计、温度计、游标卡尺、镊子、脱脂棉、

砂纸、银浆、无水乙醇。

5.12.4 实验步骤

1. 试样制备

(1)选取平整、无砂眼、条纹、气泡等缺陷的圆形试样,用卡尺测试样品直径和厚度,测量 3 次取平均值作为试样的尺寸。试样要求两面尽量平行,试样在电极下的任何一点的厚度不应超过平均厚度的±3 %。

(2)用砂纸把样品正反两个圆面磨平,用细毛笔在样品表面涂覆银浆,待银浆干燥后涂另一面,两面均干燥后以 5 ℃/min 升温速率在 600 ℃保温 20 min 烧制银电极。这样制成的烧银电极要求表面银层紧密、均匀、导电良好。最后,在砂纸上磨去边缘的银层,再用无水乙醇擦拭干净。

(3)由于环境温度和湿度对材料的介电常数和介质损耗角正切有较大的影响,因此为了减少试样因放置条件不同而产生的影响,实验结果有较好的重复性和可比性,被测试样在测试前要先后在不同温度进行预处理。处理条件见表 5-22。预处理结束后,将试样置于干燥器中冷却至室温环境待用。

表 5-22 试样的预处理条件

温度/℃	相对湿度/(%)	时间/h
20±5	65±5	≥24
70±2	<40	4
105±2	<40	1

2. 测试环境要求

国家标准所规定常温为(20±5)℃,相对湿度为(65±5)%。实验环境条件最好能符合标准,至少不与所需条件相差太大。

3. 仪器的准备

(1)将仪器安放在水平平台上。

(2)校正定位电压表和 Q 值电压表的机械零点。

(3)将"定位粗调"旋钮向减小方向旋到底;"定位零位校直""Q 值零位校直"置于中心偏左位置;微调电容器调到零。

(4)接通电源(指示灯亮)后,预热 20 min 以上,待仪器稳定后,就可进行测试。

4. 高频线圈分布电容量 C_0 的测量(两倍频率法)

(1)调节"定位校直"使定位表置于零,调节"定位粗调"、"定位细调"至电表指示为"$Q×1$"。

(2)将微调电容器调节到零,主调电容器调至远离谐振点。调节"Q 值零位校直"旋钮使 Q 值电表指示为零点。

(3)取一电感量适量的线圈接在仪器顶端标有"L_x"的两接线柱上。

(4)将主调电容器调节至某一适当的电容值(C_1')上,通常 C_1' 在 $2×10^{14}$ F(1 F=10^{12} PF)

200 PF 较适宜。

(5)调节信号发生器频率至谐振点(Q 值为最大处),调节定位电压表到 $Q \times 1$ 处后,复调频率至谐振点,记下此时的频率(f_1)。

(6)将信号发生器频率调至 $f_2 = 2 f_1$ 处,调节定位电表到 $Q \times 1$ 处。

(7)调带主调电容器到谐振点,读取 C_2' 值。

高频电感线圈的分布电容可按下式计算,有

$$C_0 = \frac{(C_1' - 4C_2')}{3} \tag{5-35}$$

5. 试样 ε 和 $\tan\delta$ 的测量

(1)将已测出 C_0 的电感线圈接在仪器的"L_X"两接线柱上。

(2)将信号发生器频率调节至 1 MHz。

(3)调节"定位校正"使定位电压表指针指零,调节"定位粗调""定位细调"旋钮,使 Q 值电压表指在 $Q \times 1$ 处。

(4)调节主电容器至远离谐振点。调节"Q 值零位校直"旋钮,使 Q 值电压表指示为零。

(5)调节主调电容器至谐振点。读取 Q 值为 Q_1、电容值为 C_{l1}(主调和微调电容器两度盘之和)。

(6)将二电极系统的上、下电极接线接在"C_X"的两接线柱上,从干燥器中取出试样,安放在两电极之间,安放时应注意上、下电极以及试样要同心,否则会影响测量值。

(7)调节主调电容器至谐振点,读取 Q 值为 Q_2,C 值为 C_2 后即完成一个试样的测量。必须注意,当没有适宜的测试条件时,试样从干燥器中取出至测试完毕不得超过 5 min。

(8)更换另一块试样,按(6)、(7)进行测试。

5.12.5　记录与计算

1. 记录

实验条件及测定数据应包括表 5-23 所示的内容。

表 5-23　实验数据记录表

试样		预处理条件			测试条件			
直径/mm	厚度/mm	温度/℃	相对湿度/(%)	时间/h	环境温度/℃	相对湿度/(%)	分布电容/F	电极直径/mm

序号	试样厚度/mm	测量数据				计算结果		
		C_1/F	Q_1/F	C_2	Q_2	ε	$\tan\delta \times 10^4$	平均值
1								$\varepsilon =$
2								$\tan\delta =$
3								

2. 计算

材料的相对介电常数 ε 和介质损耗角正切 $\tan\delta$ 分别用式(5 - 34)和式(5 - 33)来计算,C_0 是电感线圈的分布电容。实验结果以各项试验的算术平均值来表示,取两位有效数字。$\tan\delta$ 的相对误差要求不大于 0.000 1。

5.12.6　注意事项

(1)在实验测量中还要注意电极材料的选择。电极材料应选取能与试样紧密地接触的材料,而且不会因施加外电极引进杂质而造成测量误差,还要保证测量使用的方便、安全等。

(2)将二电极系统的上、下电极接线接在"C_X"的两接线柱上,从干燥器中取出试样,安放在两电极之间,安放时应注意上、下电极以及试样要同心,否则会影响测量值。

(3)当试验环境达不到规定的条件时,每个试样从干燥器中取出到测试完毕所需的时间应尽量短,一般要求在几分钟内测试完毕。为此,可以先测样品的介电常数,再测量样品的厚度。

5.12.7　思考题

1. 测试环境对材料的介电系数和介质损耗角正切值有何影响,为什么?
2. 试样厚度对 ε 的测量有何影响,为什么?
3. 电场频率对极化、介电系数和介质损耗有何影响,为什么?

5.13　压电系数的测定

5.13.1　实验目的

(1)掌握材料压电参数的测量方法。
(2)测量压电陶瓷的谐振频率 f_γ 和反谐振频率 f_a,并计算出机电耦合系数 K_p,K_{31}。
(3)测量谐振阻抗 $|Z_m|$、机械品质因素 Q_m 和频率常数 N。

5.13.2　实验原理

压电效应是指在没有外部电场作用下,由机械应力使材料极化并产生表面电荷的现象,具有该效应的材料称为压电材料。近数十年来,随着科学技术的发展,压电材料在国民经济中日益得到广泛的应用。例如,用于导航的压电陀螺、压电加速计;用于计算机、雷达的压电陶瓷变压器、压电表面波器件;用于精密设备的压电超声马达、压电流量计;还有压电超声换能器、压电滤波器等。所以,要进行压电材料的研究必须要掌握精确、可靠、便捷的压电材料参数测量技术。压电材料目前主要分为压电单晶材料和压电陶瓷材料。压电陶瓷材料一般利用其谐振特性来制作压电器件。因此,本实验通过研究压电振子的谐振特性来研究压电陶瓷材料的性能。

1. 压电振子的等效电路和谐振特性

将经过极化工艺处理过的压电振子接入到如图 5 - 25 所示的电路中,当改变信号频率使之由低到高变化时,发现通过压电陶瓷振子的电流 I 随着输入信号的频率变化而变化。当频率调至某一数值时,输出电流最大,此时振子的阻抗最小,用 f_m 表示最小阻抗(或最大导纳)频率;当频率继续增大到另一频率时输出电流最小,振子的阻抗最大,用 f_n 表示最大阻抗(或最小导纳)频率,其阻抗特性曲线如图 5-26 所示。

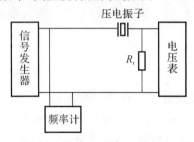

图 5-25 介质损耗的等效电路图

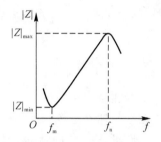

图 5-26 阻抗特性曲线

为了进一步研究压电振子的谐振特性,可用二端网络的三元件电路表示,如图 5-27 所示。图中 L_1 为压电振子的动态电感(或等效电感);C_1 为压电振子的动态电容(或等效电容);R_1 为压电振子的动态电阻(或损耗电阻);C_0 为压电振子的并联电容(或静态电容)。分析该等效电路,由交流电路理论可知,当信号频率 $f_s = \dfrac{1}{2\pi} \sqrt{L_1 C_1}$ 时,$L_1 C_1$ 电路出现串联谐振现象,f_s 则称为串联谐振频率;当信号频率为 $f_p = \dfrac{1}{2\pi} \sqrt{L \dfrac{C_0 C_1}{C_0 + C_1}}$ 时,整个等效电路出现并联谐振现象,f_p 称为并联谐振频率。

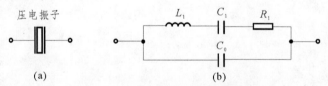

图 5-27 压电振子的等效电路

(1)压电振子机械损耗等于零($R_1 = 0$)。分析等效电路可得

$$|Z| = \left| \frac{1}{\omega C_0 - (1/\omega L_1 - 1/\omega C_1)} \right| = \left| \frac{\omega^2 L_1 C_1 - 1}{\omega (\omega^2 L_1 C_1 C_0 - C_0 - C_1)} \right| \qquad (5-36)$$

当($\omega^2 L_1 C_1 - 1$)为零时,阻抗最小,其值为零,此时最小阻抗频率为

$$\omega^2 = 1/L_1 C_1 = \omega_m^2 = (2\pi f_m)^2$$

得 $f_m = \dfrac{1}{2\pi} \sqrt{L_1 C_1}$,它等于串联谐振频率 f_s 或谐振频率 f_γ。

当($\omega^2 L_1 C_1 C_0 - C_0 - C_1$)= 0 时,阻抗为无穷大,此时最大阻抗频率为

$$\omega^2 = (C_0 + C_1)/L_1 C_1 C_0 = \omega_n^2$$

得 $f_n = \dfrac{1}{2\pi} \sqrt{L \dfrac{C_0 C_1}{C_0 + C_1}}$ 它等于并联谐振频率 f_p 或反谐振频率 f_a。

因此,当机械损耗 $R_1 = 0$ 时,有 $f_m = f_s = f_\gamma$;$f_n = f_p = f_a$。

(2)压电振子存在机械损耗($R_1 \neq 0$)。当压电振子存在机械损耗时,通过阻抗变换可得:

$$f_m \approx f_s \left(1 - \frac{1}{2M^2 \gamma} \right) \qquad (5-37)$$

$$f_n \approx f_p \left(1 + \frac{1}{2M^2\gamma}\right) \tag{5-38}$$

$$f_\gamma \approx f_s \left(1 + \frac{1}{2M^2\gamma}\right) \tag{5-39}$$

$$f_a \approx f_p \left(1 - \frac{1}{2M^2\gamma}\right) \tag{5-40}$$

式中　　f_s——串联谐振频率，Hz；

　　　　f_p——并联谐振频率，Hz；

　　　　$M = Q_m / \gamma$，且 Q_m 为机械品质因数；

　　　　$\gamma = C/C_1$——电容比。

　　因此有 $f_m \neq f_s \neq f_\gamma$，$f_n \neq f_p \neq f_a$。但是一般情况下压电陶瓷的 Q_m 较大，则可近似认为 $f_m = f_s = f_\gamma$，$f_n = f_p = f_a$ 其偏差在 1% 以下。而对低 Q_m 或 R_1 较大的情况下，则必须考虑机械损耗的影响，不能用上式近似。

　　2. 测试原理

　　测量材料压电振子参数的主要方法有传输线路法、π 型网络零相位法和导纳电桥法。其中传输线路法由于测量迅速简便，并且接近实际工作状态，是最常用的测量方法。而另两种方法尽管测量精度高，但复杂繁琐。IEC 及 IRE 标准均采用传输线路法。本实验采用 π 型网络传输线路法来测量，其原理如图 5-28 所示。

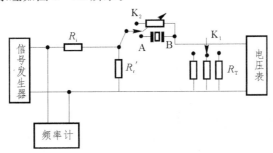

图 5-28　型网络传输线路法测量示意图

　　为了提高测量的精确度，克服不利因素的影响，一般选择：$R_i \geqslant 10R'_T$，$R'_T \approx R_T$，$R_T < R_1$。原因解释如下。

　　R_i 和 R'_T 是为了减少振子阻抗变化对信号源输出电压的影响，而 $R_i \geqslant 10R'_T$，则是考虑到：当较小的 R'_T 与振子并联时，尽管振子阻抗随频率变化较大，但并联后相对信号发生器的负载变化不大；若选择（$R_i + R_T$）等于信号发生器输出阻抗，则与其匹配，减少谐波分量；选择较小的 R_T 可隔离信号发生器的输出阻抗与频率计的输入阻抗对振子的影响，提高 f_m，f_n 精确度。

　　R_T 的选择对测量精确度影响较大。一方面，选择较小的 R_T 可使谐振曲线尖锐，灵敏度提高，减小实验误差。同时，为了保证被测振子两端信号电压在测试过程中保持不变，也需要 $R_T < R_1$。另一方面，电压表测量的是 R_T 两端压降，为了灵敏起见，R_T 又需适当大一些。另外，在要测量反谐振频率时，振子阻抗为最大值，为了提高测量精度，应适当选择大的 R_T。实际上可选择一组 R_T 来满足各种测试要求。为了减小传输网络中杂散电容以及电磁干扰，传输线路应良好屏蔽。

（1）最大阻抗频率 f_n 和最小阻抗频率 f_m 的测量。测量方法与简单传输测量相同，不再重述。

（2）等效电阻 R_1（串联谐振阻抗 $|Z_m|$）的测量。通常采用代替法。当输出信号频率等于振子的串联谐振频率时，L_1C_1 串联分路阻抗等于等效电阻 R_1。因此，通过开关转换，用一个可变电阻箱来代替振子，调节可变电阻箱的电阻，使电压表上读数与振子谐振时读数相同，此时电阻箱的电阻值即为振子的等效电阻 R_1。

3. 压电材料主要参数的确定

压电材料的主要参数除了介电常数、损耗角外，其余参数均可通过传输线路法来确定。

（1）机电耦合系数 K。机电耦合系数 K 是衡量压电材料的机械能与电能之间相互耦合以及转换能力的参数，是表征材料压电性能好坏的重要物理量。根据振动方式不同有平面机电耦合系数 K_p、横向机电耦合系数 K_{31}、厚度机电耦合系数 K_t 等。

1）平面机电耦合系数 K_p 的确定。只要测出薄圈片径向振功的串联谐振频率 f_s 和并联谐振频率 f_p，然后按泊松比 σ 与 $(f_p-f_s)/f_s$ 的值，查寻 $K_p\sim\Delta f/f_s$ 对应数值表，可直接得到 K_p 值。

若薄圆片的 Δf 较小，可用以下近似式确定，即

当 $\delta=0.27$ 时，有

$$K_p^2 \approx 2.51\frac{\Delta f}{f_s} \tag{5-41}$$

当 $\delta=0.30$ 时，有

$$K_p^2 \approx 2.53\frac{\Delta f}{f_s} \tag{5-42}$$

当 $\delta=0.36$ 时，有

$$K_p^2 \approx 2.55\frac{\Delta f}{f_s} \tag{5-43}$$

2）横向机电耦合系数 K_{31}。测出薄长片横向长度伸缩振动模式的 f_s，f_p，然后按 $\Delta f/f_s$ 的值，查寻 $K_{31}\sim\Delta f/f_s$ 对应数值表，即可得到 K_{31} 值。

若薄长片 Δf 很小时，可用近似式确定为

$$K_{31}^2 \approx \frac{\pi^2}{4}\frac{\Delta f}{f_s} \tag{5-44}$$

（2）机械品质因素 Q_m。Q_m 反映了压电材料谐振时机械损耗的大小，其定义式为 $Q_m=2\pi$ 谐振时压电体储存机械能/谐振每周期损耗机械能，其计算公式为

$$Q_m = \frac{1}{4\pi C_T|Z_m|\Delta f} \tag{5-45}$$

式中　Δf——压电振子并联谐振频率 f_p 与串联谐振频率 f_s 之差，Hz；

　　$|Z_m|$——串联谐振阻抗，用代替法测得，Ω；

　　C_T——低频电容 $\approx C_0+C_1$，用低频电容电桥测得，F。

（3）频率常数 N。频率常数 N 也是表征材料特性的重要物理量。其定义为压电体谐振频率 f_γ 与振子主振动方向长度的乘积，单位为赫·米（Hz·m）。对于薄圆片振子径向伸缩振动的频常数为

$$N_d = f_\gamma \cdot d \tag{5-46}$$

对于薄长片长度伸缩振动的频率常数为

$$N_1 = f_\gamma \cdot l \tag{5-47}$$

5.13.3　仪器设备

本实验所采用"压电系数测定仪"的测量线路图如图 5 - 28 所示。其中：$R_i = 75\ \Omega$，$R_T' = 5.1\ \Omega$，$R_T = 1\ \Omega$，$5.1\ \Omega$，$1\ \text{k}\Omega$；K_1，K_2 为标准开关；其他组件为标准变阻箱、Tcc - b - 甲标准高频信号发生器、WFG - IA 高频微伏计、高频数字频率计。

还需要高温电炉，银浆，烧杯、毛刷、水磨砂纸、无水乙醇、硅油等。

5.13.4　实验步骤

1. 试样制备

(1)选择烧结均匀、表面平整，无砂眼、弯曲、裂纹的正圆形 PZT 压电陶瓷片，其直径为 12 mm，厚度 1 mm。用水磨砂纸将两面磨平，注意厚薄一致。

(2)用无水乙醇将试样超声清洗干净，然后用细毛刷在两面均匀涂覆银浆，置于高温电炉中以 5 ℃/min 升温至 850 ℃，断电随炉自然冷却。

(3)用细砂磨磨去边缘的银层（注意保证正圆形），用无水乙醇清洗干净，然后置于硅油中，极化温度 120 ℃，用 3 ~ 4 kV/mm 直流电场极化 10 min。

(4)将极化后的陶瓷片静置 24 h 以上，以消除剩余应力，保证样品的性能稳定。

2. 仪器准备

仪器准备过程如下：

(1)将实验线路图接好，仪器安放在水平的平台上。

(2)校正电压表的机械零点，信号发生器输出电位器调至最小处。

(3)接通电源，观察过载指示灯，若灯亮表示输出过载，应减小输出幅度，若一直灯亮应停机检查线路。

(4)预热 20 min 以上，仪器稳定工作后即可开始测量。

3. 试样测试步骤

(1)将压电振子接入测试线路 A，B 处。波段开关 K_1 接 1 Ω 或 5.1 Ω；K_2 接样品挡。

(2)调节信号发生器输出频率，使高频电压计指示最大，此时数字频率计的读数，即为谐振频率 f_γ。

(3)波段开关 K_1 接 1 kΩ，继续增大信号发生器频率，使高频电压计指示最小，此时数字频率计的读数，即为反谐振频率 f_a。

(4)将波段开关 K_2 拨至电阻箱挡，用无感电阻来替代压电振子，K_1 接至 1 Ω 或 5.1 Ω。

(5)调节信号发生器输出频率到谐振频率 f_γ 处，调节变阻箱阻值，使电压表指示与替代前接压电振子时完全相同，此时电阻箱的阻值，即为串联谐振阻抗 $|Z_m|$。

(6)用电容电桥（低频条件下）测出样品的 C_T。

(7)更换样品重复以上步骤。

5.13.5　记录与计算

1. 记录

将测试结果记入表 5 - 24。

表 5-24　实验数据记录表

样　品	直径/mm	测试数据				计算结果		
		f_γ/Hz	f_a/Hz	$\|Z_m\|$ /Hz	C_T/Hz	K_p	Q_m	N_d 或 N_l/(Hz·m)
1								
2								
3								
4								
5								

2. 计算

平面机电耦合系数 K_p 用式(5-41) ～ 式(5-43)计算,机械品质因素 Q_m 和频率常数 N 分别用式(5-45)、式(5-46)与式(5-47)计算。

5.13.6　注意事项

(1)选择烧结均匀、表面平整,无砂眼、弯曲、裂纹的正圆形 PZT 压电陶瓷片,其直径为 12 mm,厚度 1 mm。用水磨砂纸将两面磨平,注意厚薄一致。

(2)用细砂纸磨去边缘的银层(注意保证正圆形),用无水乙醇清洗干净。

(3)测试需要置于硅油中,极化温度 120 ℃,用 3 ～ 4 kV/mm 直流电场极化 10 min。

5.13.7　思考题

1. 本试验中影响测量精确度的因素有哪些?

2. Q_m 对浏量 f_γ,f_a,K_p,K_{31} 有何影响?

3. π 型网络传输法相对简单传输法优点有哪些?

5.14　磁化曲线和磁滞回线的测定

5.14.1　实验目的

(1)了解铁磁体的一般特性。

(2)掌握用冲击法测量磁性材料参数的方法,能测定铁磁材料的磁化曲线和磁滞回线。

(3)加深对铁磁材料主要物理量(如矫顽磁力、剩磁和磁导率)的理解。

5.14.2　实验原理

磁性材料分为金属磁性材料和非金属磁性材料两类。纯铁(99.9% Fe)、硅铁合金 (Fe－Si,又称硅钢)和铁镍合金(Fe－Ni,又称坡莫合金)是最常见的金属磁性材料。非金属磁性材料主要指铁氧体磁性材料,是金属氧化物烧结的磁性体。此外,通过蒸发、溅射或超急冷方法可以将过渡金属和稀土族合金制成非晶态磁性薄膜。在工业生产和科学研究中,磁性材料(特别是铁磁材料)占有重要的地位。因此,了解和掌握材料磁性的测定,对于材料磁性的研究和应用是十分重要的。

铁磁材料可分为软磁材料、硬磁材料和半硬磁材料几类。硬磁材料(如铸钢)的磁滞回线宽、剩磁和矫顽力较大(120~20 000 A·m),磁化后的磁感应强度能长期保持,因此适宜制作永久磁铁。软磁材料(如硅钢片)的磁滞回线窄,矫顽力较小(小于 120 A·m),容易磁化和退磁,适宜于制作电机、变压器和电磁铁。所以,掌握材料磁性参数(磁化曲线和磁滞回线等)的测量方法,对于研制电磁仪表、磁性器件具有重要的意义。

1. 铁磁体的特性

由于磁铁材料中各离子的磁矩为强耦合作用,在物质中存在某些电子自旋平行排列的区域,即磁畴。磁畴区域呈现较强的磁矩,在无外界磁场的情况下,磁畴基本按某一方向排列,因此在宏观上铁磁材料便呈现较强的磁性。

磁介质被磁化后,其磁感应强度 B 和磁场强度 H 关系为

$$B = \mu H \tag{5-48}$$

式中　μ——磁导率。

铁磁体的磁导率很大。不仅如此,铁磁体还具有以下特征:① 磁导率不是常量,它随着所处磁场强度 H 而变化;② 外磁场撤除后,磁介质仍能保留部分磁性。

(1)起始磁化曲线与磁滞回线。取一块未磁化的铁磁材料,如外面密绕线圈的钢圈样品。若流经线圈的磁化电流从零逐渐增大,则钢圆环的磁感应强度 B 随着磁场强度 H 的变化(见图 5-29)中的 O→a 段所示。这条曲线称为起始磁化曲线。

若断续增大磁化电流,即增加磁场强度 H 时,磁感应强度 B 值的上升很缓慢。若 H 逐渐减小,则 B 也相应减小,但并不沿 a0 段下降,而是沿另一条曲线 ab 下降。B 随着 H 变化的全过程如下。当 H 按:$O \rightarrow H_m \rightarrow O-H_c \rightarrow -H_m \rightarrow O \rightarrow H_c \rightarrow H_m$ 的顺序变化时,B 相应沿:$O \rightarrow B_m \rightarrow B_r \rightarrow O \rightarrow -B_m \rightarrow -B_r \rightarrow O \rightarrow B_m$ 的顺序变化。将上述各个变化过程连接起来就可得到一条封闭曲线 $abcdef$,这条曲线称为磁滞回线。分析磁滞回线可得出如下结果。

1)当 $H=0$ 时,B 不为零,即铁磁体保留一定的磁感应强度 B_r。B_r 称为铁磁材料的剩磁。

2)若消除剩磁,则必须加上一个反方向磁场 H_c。H_c 称为铁磁材料的矫顽磁力。

3)H 上升至某一值或下降至某一值时,铁磁材料的 B 值并不相同,即磁化过程与铁磁材料的磁化经历有关。

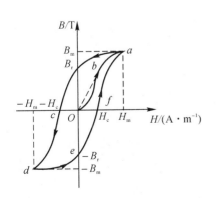

图 5-29　起始磁化曲线与磁滞回线

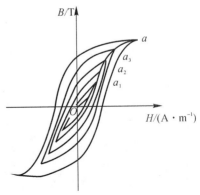

图 5-30　基础磁化曲线

（2）基本磁化曲线。对于开始不带磁性的铁磁材料，依次选取磁化电流为 $I_1, I_2, I_3, \cdots$，$I_m (I_1 < I_2 < I_3, \cdots, I_m)$，则相应磁场强度为 $H_1, H_2, H_3, \cdots, H_m$。如果对每一个选取的磁场强度值，均作出相应的磁滞回线，则可得到一组逐渐增大的磁滞回线图。若将原点 O 与各个磁滞回线的顶点相连接，则所得到的曲线 $a_1, a_2, a_3, \cdots, a_m$，该曲线即为铁磁材料的基本磁化曲线，如图 5-30 所示。可以看出，铁磁材料的 B 与 H 的关系并不为直线，即表明铁磁材料的磁导率 $\mu = \dfrac{B}{H}$ 不是常数。

由于铁磁材料磁化过程的不可逆性及具有剩磁的特点，所以在测量磁化曲线与磁滞回线时，必须先将铁磁材料退磁（即保证当外磁场 $H=0$ 时，$B=0$）。退磁的原理实际上是根据基本磁化曲线而得。具体为首先使铁磁材料磁化至磁饱和，此后不断改变磁化电流的方向，并逐渐减小磁化电流，最终到零。结果材料的磁化过程将会是一连串连续的逐渐缩小的并最终趋向原点的磁滞回线。当 H 减小至零时，B 亦同时为零，这样便达到了退磁的目的。

2. 铁磁体磁场强度 H 和磁感应强度 B 的测定

实际中测量材料磁性参数的方法有两种：冲击电流法与示渡器法。前一种方法的准确度较高，但测量过程复杂。后一种方法较方便直观，但准确度较低，常用于工厂的快速检测。本实验介绍冲击电流法。

（1）冲击电流法的测量原理。用待测的铁磁材料制成圆环，紧密的绕上原线圈 N（励磁线圈）和副线圈 n（测量线圈），如图 5-31 所示。

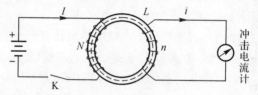

图 5-31　冲击电流法测量原理

1）由安培环路定律 $HL = NI$，则磁场强度为

$$H = \frac{NI}{L} (\text{A} \cdot \text{m}) \tag{5-49}$$

式中　N ——原线圈的匝数，匝。

　　　L ——圆环的平均周长，m。

2）磁感应强度 B 的推导如下：当原线圈磁化电流变化时，通过副线圈的磁通量也变化。根据安培环路定律，在匝数为 n 的副线圈内产生的感应电动势为

$$\varepsilon = n \frac{d\varphi}{dt} \tag{5-50}$$

若副线圈的总电阻为 R，则产生的瞬时感应电流 i 为

$$i = \frac{\varepsilon}{R} = \frac{n}{R} \cdot \frac{d\varphi}{dt} \tag{5-51}$$

因此在 dt 时间内流经冲击电流计的电量为

$$dQ = i dt = \frac{n}{R} d\varphi \tag{5-52}$$

在时间间隔 τ 内流经冲击电流计的总电量为

$$Q = \int_0^\tau i \mathrm{d}t = \int_{\varphi_1}^{\varphi_2} \frac{n}{R} \mathrm{d}\varphi = \frac{n}{R}(\varphi_2 - \varphi_1) \qquad (5-53)$$

冲击电流计的最大偏转 d_m 与流经冲击电流计的总电量 Q 成正比,即 $Q = Kd_m$,其中 K 为冲击电流计在开路状态下的冲击常数,因此综合上两式,得

$$\varphi_2 - \varphi_1 = \frac{KR}{n}d_m \qquad (5-54)$$

分两种情况进行讨论。

a.因磁通量 $\phi = BA$(A 为圆环截面积),则有

$$\Delta B = B_2 - B_1 = \frac{KR}{nA}d_m = K_0 d_m \qquad (5-55)$$

式中　常数 $K_0 = KR/nA$。

b.改变磁化电流的方向(保持电流大小不变)后,磁通量的变化乒 $\phi_2 - \phi_1 = 2BA$,于是

$$B = \frac{KR}{2nA}d_m = \frac{1}{2}K_0 d_m \qquad (5-56)$$

综上所述,当磁化电流大小或方向改变时,相应的磁场强度 H 和磁感应强度 B 可以用式(5-49)与式(5-55)或式(5-56)计算,并在 $B \sim H$ 关系图上确定一点。如果多次改变磁化电流的大小方向,可以得到一组 H, B 值,从而绘出铁磁材料的磁化曲线与磁滞回线。

(2)冲击电流法的实验电路。电路中磁化电流的控制是通过开关 $1, 2, \cdots, 11$ 来实现的,若顺序接通开关 $1, 2, \cdots, 11, I$ 值将逐渐增大,当接通开关 11 时 I 值最大。若顺序切断开关 $1, 2, \cdots, 11, I$ 值将逐渐减小,当切断开关 11 时 I 值最小至零。

磁化电流的最大值可通过调节直流电源输出电压或电阻 R_1 来实现。该电路可测量出铁磁材料的磁化曲线和磁滞回线。

5.14.3　仪器设备

(1)冲击仪。本实验采用冲击仪,如图 5-32 所示是冲击仪器的技术示意图。

(2)试样制备工具。

(3)制样用的多层叠片或薄带。

5.14.4　实验步骤

1.试样制备

选择的材料为铁磁材料(铁、镍、钴或其他铁磁合金),样品的尺寸形状要求如下:

(1)为了保证磁化均匀,样品应尽量做成圆环形,且内外径要求 $P \leqslant 1/8$;

(2)要求圆环的横截面积 S 足够大,使测量的灵敏度较高;

(3)为了减小涡流引起的误差,圆环一般采用多层叠片或薄带绕成。

2.仪器准备

(1)按图 5-32 连接好电路。未测量前不要接通开关 K_5。

(2)调节光源或望远镜系统,使光标刻度线(或叉丝)正对标尺零线。

(3)采用自耦变压器提供的交流大电流对铁磁材料进行退磁。具体步骤如下:选择能使铁磁材料达到磁饱和的最大磁化电流(由实验给定),逐渐增加电阻 R_2 至最大值,使退磁电流减至最小,然后将调压变压器缓慢调节至零,最后断开开关 K_4。

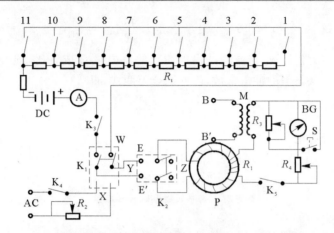

图 5-32　冲击电流法的实验电路

DC—直流稳压电源；S—阻尼开关；A—直流安培计；AC—交波电源(退磁用)；

BG—冲击电流计；K_5—保护冲击电流计开关；K_1,K_2—双向转换开关；

K_3,K_4—单向开关；P—密绕线圈的钢圈环；M—标准互感器(测 K_0 用)；

R_1—线绕电阻(限翻磁化电流用)；R_2—滑线变阻器；R_3,R_4—电位器

(调节 BG 灵敏度用)；R_1—不同阻值的电阻；1,2,…,11—钮子开关

3.试样测试步骤

(1)测量铁磁材料的基本磁化曲线。

1)将 K_1 倒向 W，K_2 倒向 Z，闭合开关 K_3 和开关 1，记下电表Ⓐ的读数 I_1。然后将 K_2 反复多次倒向 Y,Z，对铁磁材料进行磁锻炼，最后倒向 Z。

2)闭合 K_5，将 K_2 迅速倒向 Y，记下冲击电流计 BG 的最大偏转值 d_1，按阻尼开关 S 使 BG 回零。将 K_2 迅速倒向 Z，读得一个最大偏转值 d'_1，取平均值 $d_1 = [d_1 + d'_1]/2$。

3)按步骤 1)2)所述，闭合开关 K_2，从电表Ⓐ读出电流 I_2 及最大偏转值 d_2。继续顺序闭合开关 3,4,…,11，测出 11 组 I_2,d_2 值，填入表格中。

4)记下 N,n,L 和 A 的数值(K,R 值由实验给出)。

将测量数据代入式(5-49)与式(5-56)中，算出每组 H_i,B_i 值并填入表中。在坐标线上作出 B~H 曲线，即得到铁磁材料的基本磁化曲线。

(2)测量铁磁材料的起始磁化曲线和磁滞回线。

1)做好仪器的准备工作。

2)闭合开关 K_5，将 K_1 倒向 W，K_2 倒向 Z，闭合开关 K_3 与开关 1，记下 BG 的最大偏转值 d_1，从电表Ⓐ中读出电流值 I_1。最后用阻尼开关 S 使 BG 回零。

3)开关 2,3,4,…,11 按顺序关闭，分别记下 BG 的最大偏转 d_2,d_3,d_4,…,d_{11} 及相应的电流值 I_2,I_3,I_4,…,I_{11}。

按照式(5-49)与式(5-55)算出 H_i 值和 ΔB_i 值。

每一个 B_i 值都等于前一个磁感应强度 B_{i-1} 加上测量值 ΔB_i，即 $B_1 = \Delta B_1$(因为 $H_0 = 0$ 时，$B_0 = 0$)；$B_2 = B_1 + \Delta B_2$；$B_3 = B_2 + \Delta B_3$；…，这样便可绘出 0a 段曲线，即铁磁材料的起始磁化曲线。

4)顺序将开关 11,10,…,1 断开(即正向减小电流)，记下每次断开的 BG 最大偏转值 d'_i 和电表Ⓐ的读数 I'_i。同上述换算可得 ab 段曲线。

5)将 K_2 倒向 Y 时,磁化电流反向。按顺序闭合开关 $1,2,3,\cdots,11$(即反向增加电流),同时记下 BG 的最大偏转值和电表 Ⓐ 的读数。换算后可得 bcd 段曲线。随即切断开关 $11,10,1$(即反向减小电流),同时记下 BG 的最大偏转值和电表 Ⓐ 的读数。换算后可得 de 段曲线。

6)再将 K_2 倒向 Z,按顺序闭合开关 $1,2,3,\cdots,11$(即正向增加电流),同时记下 BG 的最大偏转值和电表 Ⓐ 的读数。换算后可得 efa 段曲线。

5.14.5　记录与计算

1. 记录

由式(5-49)与式(5-56)可见,H 和 I 成正比,B 和 d 成正比。为了避免繁琐重复的换算,可做以下处理。

(1)将 I 作为横轴,总偏转 d 作为纵轴,根据表格所列数据绘出 $d\sim I$ 曲线(用虚线表示起始磁化曲线)。该曲线应与 $H-B$ 磁滞回线完全相似。

(2)记下钢圆环的平均周长 L 和磁化线圈匝数 N,按式(5-49)换算出每安培磁化电流产生的磁场强度 H,列于 $d-I$ 曲线的 I 轴旁;根据 K_0(由实验给定)可得每偏转 1 mm 对应的磁感应强度 B,列于 $d-I$ 曲线的 d 轴旁。

2. 计算

根据所得数据在坐标纸上绘出铁磁材料的基本磁化曲线、起始磁化曲线和磁滞回线。详细分析铁磁材料的磁性,并计算出铁磁材料的矫顽磁力、剩磁和磁导率。

5.14.6　注意事项

(1)为了保证磁化均匀,样品应尽量做成圆环形,且内外径要求 $P\leqslant 1/8$。

(2)要求圆环的横截面积 S 足够大,使测量的灵敏度较高。

(3)电路中磁化电流的控制注意按顺序接通开关 $1,2,\cdots,11$。

5.14.7　思考题

1. 测定铁磁材料的基本磁化曲线与破滞回线各有什么实际意义?

2. 什么是磁化过程的不可逆性?测量时要注意哪几个关键问题?

3. 试根据退磁原理设计出其他退磁方法,并比较它们的优缺点。

5.15　磁化率的测定

5.15.1　实验目的

(1)了解某些材料的磁化率,掌握测量磁化率的实验原理。

(2)用古埃法测定材料的磁化率,并算出其顺磁性原子(离子)的未配对电子数。

5.15.2　实验原理

在无机非金属材料中,一些以氧化铁为主要成分的陶瓷材料属于磁性化合物,具有较强的磁性。普通玻璃一般只具有微弱的磁性,经过玻璃的磁通与真空相比有所衰减,因此玻璃略受磁场推斥。含有大量过渡金属氧化物和稀土元素氧化物的玻璃具有顺磁性。一些特种成分的玻璃则可用作制取铁磁性微晶玻璃的原料。物质的磁性来自与电子自旋相联系的磁矩,因此物质一般者具有磁性,但强弱不同。磁化率表征物质在单位磁场作用下被磁化的(难易)程度。因此,测定非金属磁性材料的磁化率可为这些材料的研究与应用提供依据。

此外,根据帕斯卡(Pascal)的发现,每一化学键都有其确定的磁化率数值,把有机化合物所包含的各化学键的磁化率加和起来,就是该有机化合物的磁化率。因此,通过测定磁化率可以研究某些电子或离子的组态,判断络合物分子的配键类型,推断合成新化合物的分子结构等。

1. 材料的磁化率

我们知道,物质在外磁场作用下会被磁化。对于弱磁材料来说,磁化强度 $\vec{M}$ 与外磁场强度 $\vec{H}$ 成正比,即

$$\vec{M} = k\vec{H} \tag{5-57}$$

式中 k——材料的磁化率。

磁化率 k 仅与材料的成分、晶体结构和温度有关,是表征物质磁性的重要本征参数。磁化率一般有两种形式:单位质量磁化率 χ 和摩尔磁化率 χ_M。它们分别定义为

$$\chi = \frac{k}{d} \tag{5-58}$$

$$\chi_M = \frac{k}{d}M \tag{5-59}$$

式中 d ——物质的密度。

M ——物质的相对分子质量。

根据材料磁化率的不同,一般分为顺磁体、反(抗)磁体、铁磁体三种。

(1)顺磁性顺磁性是指物质磁化方向与外磁场方向相同所产生的效应。产生的原因主要是物质(原子、离子、分子)的固有磁矩随着外磁场方向而转动。摩尔顺磁磁化率可表示为

$$\chi_P = \frac{N_A \mu_m^2}{3KT} \tag{5-60}$$

式中 μ_m——分子磁矩;

N_A——阿佛加德罗常数($N_A = 6.02 \times 10^{23}$ mol^{-1});

K ——玻耳兹曼常数($K = 1.380\ 6 \times 10^{-23}$ J·K^{-1});

T ——绝对温度/℃。

顺磁体的磁化率 $\chi > 0$,其数量级一般为 $10^{-4} \sim 10^{-3}$ 左右。

(2)反磁性。反磁性是指物质磁化方向和外磁场方向相反而产生的磁效应。产生反磁性的原因是:电子的拉摩进动产生了一个与外磁场方向相反的诱导磁矩。反磁性是普遍存在的。摩尔反磁磁化率可表示为

$$\chi_D = -\frac{N_A \cdot e^2}{6m_e C^2} \sum_i r_i^2 \tag{5-61}$$

式中 e ——电子电荷,$e = 1.6 \times 10^{-19}$C。

m_e ——电子质量,$m = 9.11 \times 10^{-31}$ kg。

C ——光速,3×10^6 km/s。

r_i——电子离核的距离,km。

反磁体的磁化率 $\chi < 0$,χ 的数量级在 $10^{-6}\sim10^{-3}$ 左右。

(3)铁磁性。铁磁性是指物质在外磁场作用下达到了饱和磁化以后,撤掉外磁场,铁磁体的磁性并不消失的效应。产生铁磁性的根本原因是铁磁体中存在着磁畴。一般来说,弱磁材料的摩尔磁化率 χ_M 实际上是顺磁磁化率 χ_P 与反磁磁化率 χ_D 之和。即

$$\chi_M = \chi_P + \chi_D \tag{5-62}$$

由于 $|\chi_P| \gg |\chi_D|$,因此可做近似处理

$$\chi_M \approx \chi_P \tag{5-63}$$

代入式(5-60)中得

$$\chi_M = \frac{N_A\mu_m^2}{3KT} \tag{5-64}$$

式(5-64)表明了材料的摩尔磁化率与分子的磁矩、温度之间的关系。

另外,由原子结构的观点来看,分子的磁矩取决于电子的轨道运动和自旋运动状况,即

$$\mu_m = g\sqrt{J(J+1)} \cdot \mu_B \tag{5-65}$$

式中　J ——总内量子数;

　　　g ——朗德因子;

　　　μ_B——玻尔磁子($\mu_B = 9.274\times10^{-24}$ J·T^{-1})。

由于基态分子中电子的轨道角动量相互抵消,即 $J=S$,其中 S 为总自旋量子数;朗德因子 $g=2$,因而式(5-65)可写为

$$\mu_m = 2\sqrt{S(S+1)} \cdot \mu_B \tag{5-66}$$

如果有 n 个未配对的电子,其总自旋量子数 $S = \dfrac{n}{2}$,代入上式便可求出分子的磁矩和未配对电子数,从而可了解有关简单分子的电子结构、络合物键型等信息。

2. 测试原理

测量磁化率的方法有许多,常用的有磁天平法、振动样品法、SQUID 磁强计法等。本实验采用磁天平法中的古埃法来测定磁化率,即通过测量样品在非均匀磁场中所受的力来确定磁矩,从而求出磁化率的方法。实验装置如图 5-33 所示。

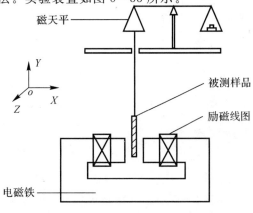

图 5-33　古埃法测定磁化率的实验原理图

将样品装于圆形样品管中并悬于两磁极的中间,其一端位于磁极间磁场强度 H 的最大处,另一端位于磁极间磁场强度很弱的区域 H_0 内,这样样品在沿样品管方向所受的力可表示为

$$F = \chi m H \frac{\partial H}{\partial Z} \qquad (5-67)$$

式中　χ ——质量磁化率,m^3/kg;

　　　m ——样品质量,kg;

　　　H ——磁场强度,A/m;

　　　$\frac{\partial H}{\partial Z}$ ——沿样品管方向的磁场梯度。

若样品管的高度为 l,则整个样品所受的力可积分为

$$F = \frac{\chi m (H^2 - H_0^2)}{2l} \qquad (5-68)$$

若 H_0 忽略不计,则式(5-68)可简化为

$$F = \frac{\chi m H^2}{2l} \qquad (5-69)$$

用磁天平测出样品加入磁场前后的重量变化 ΔW,显然有

$$F = \Delta W \cdot g = \frac{\chi m H^2}{2l} \qquad (5-70)$$

式中　g ——重力加速度($g = 9.806 \ m/s^2$)。

整理后得

$$\chi = \frac{2\Delta W \cdot g \cdot l}{m H^2} \qquad (5-71)$$

$$\chi_M = \frac{2\Delta W \cdot g \cdot l}{m H^2} \cdot M \qquad (5-72)$$

由于等式的右边各项均可由实验直接测量出,因此可求出材料的摩尔磁化率。

在实际测量中,由于磁场梯度难以测量,因此在测量技术中往往采用相对测量法,一般用已知磁化率的标准物质来标定外磁场强度。常用的标准物质有 $CuSO_4 \cdot 5H_2O$,NaCl,$(NH_4)_2SO_4 \cdot FeSO_4 \cdot 6H_2O$,$HgCo(SCN)_4$、苯等。本实验即采用莫尔氏盐来标定外磁场强度,测出样品的磁化率,从而求出样品金属离子的磁矩与未配对电子数目。

当用莫尔氏盐作标准物质时,其质量磁化率(m^3/kg)和摩尔磁化率(m^3/mol)与热力学温度 T 的关系分别为

$$\chi = \frac{9\ 500}{T+1} \times 4\pi \times 10^{-9} \qquad (5-73)$$

$$\chi_M = \frac{9500}{T+1} \times 4\pi \times M \times 10^{-9} \qquad (5-74)$$

式中　M ——莫尔氏盐的摩尔质量,kg/mol。

5.15.3　仪器设备

本实验采用 FD—MT—A 型古埃磁天平(包括电磁铁、电光分析天平、励磁电源)。软质玻璃样品管 1 支,样品工具(角匙、小漏斗、玻璃棒、研钵)1 套,标准磁化率物质分析纯莫尔氏

盐 $(NH_4)_2SO_4 \cdot FeSO_4 \cdot 6H_2O$ 。

5.15.4　实验步骤

1. 试样

本实验可选用以下几种被测样品:①五水硫酸铜 $CuSO_4 \cdot 5H_2O$ (分析纯);②七水硫酸亚铁 $FeSO_4 \cdot 7H_2O$ (分析纯);③亚铁氰化钾 $K_4[Fe(CN)_6] \cdot 3H_2O$;④弱磁性陶瓷材料粉末;⑤弱磁性玻璃材料粉末。

2. 仪器准备

(1)先将电流调节器调至最小,特斯拉计置于"关"挡,然后打开电源开关。

(2)校准特斯拉计并调零。

(3)将测磁用的片状霍尔变换探头置于磁极的工作区域内,并使探头处于垂直位置。

(4)若实验中出现异常,应先将电流调节器调至零,再关闭电源。

3. 标称某一固定励磁电流下的磁场强度 H

(1)用细铜丝将空样品管悬于磁极的中心位置,测定其在励磁电流加入前后的质量。求出空样品管在磁场加入前后的质量差 $\Delta W_{管}$,重复测 3 次,最后取平均值。

(2)将研细的莫尔氏盐通过小漏斗装入样品管中,高度约为 15 cm(样品的另一端应位于磁场强度为 0 处),用直尺准确测量出样品的高度 l(注意装样品时要均匀和防止杂质混入)。

(3)用细铜丝将装入莫尔氏盐的样品管悬于磁极的中心位置,测定其在加励磁电流前后的质量。求出磁场加入前后的质量差 $\Delta W_{(样品+管)}$,重复测 3 次,最后取平均值。

4. 测定样品的摩尔磁化率

(1)将待测样品(弱磁性陶瓷材料粉末、弱磁性玻璃材料粉末等)分别装入样品管中,要求高度约为 15 cm,并准确测量出样品的高度。

(2)按照测定莫尔氏盐的步骤分别测出样品在励磁电流加入前后的质量。求出样品在磁场加入前后的质量差,重复测 3 次,最后取平均值。

5.15.5　记录与计算

1. 记录

将测试结果记入表 5-25。

表 5-25　实验数据记录表

样品	样品质量 m/g	样品管高度 l/m	质量差 $\Delta W_{样品}/m$	热力学温度 $T/℃$
1				
2				
3				

2. 计算

(1)计算出某一固定励磁电流下的磁场强度 H 。

将标准物质——莫尔氏盐的质量磁化率值[见式(5-73)]、莫尔氏盐在磁场加入前后的质

量差 $\Delta W_{样品} = \Delta W_{(样品+管)} - \Delta W_{管}$、莫尔氏盐的质量 m、样品高度 l 代入式(5-71)中,求出某一固定励磁电流下的磁场强度 H。

（2）摩尔磁化率的计算。

根据样品测定的数据结果：

由式(5-72)求出样品的摩尔磁化率 χ_M；

由式(5-64)求出样品的磁矩 μ_m；

由式(5-66)椎算出样品的金属离子的未配对电子数 n。

5.15.6 注意事项

（1）若实验中出现异常,应先将电流调节器调至零,再关闭电源。

（2）将研细的莫尔氏盐通过小漏斗装入样品管中,高度约为 15 cm,用直尺准确测量出样品的高度 l,注意装样品时要均匀和防止杂质混入。

（3）用细铜丝将装入莫尔氏盐的样品管悬于磁极的中心位置,测定其在加励磁电流前后的质量。求出磁场加入前后的质量差 $\Delta W_{(样品+管)}$,重复测 3 次,最后取平均值。

5.15.7 思考题

1. 在本实验中,为何样品的装填高度要求在 15 cm 左右？

2. 本实验中,玻璃样品管的质量是否变化？试解释这种现象。

3. 分析用古埃法测量磁化事时所需注意的几个问题？它们对实验结果有何影响？

第6章 现代材料分析方法

6.1 热重分析及综合热分析

6.1.1 实验目的

(1)了解热重分析仪器的装置及实验技术。
(2)熟悉综合热分析的特点,掌握综合热曲线的分析方法。
(3)测绘矿物的热重曲线和差热分析曲线,解释曲线变化的原因。

6.1.2 实验原理

1. 热重分析仪器的结构及分析方法

热重分析法是在程序控制温度下,测量物质的质量随温度变化的一种实验技术。

热重分析通常有静态法和动态法两种类型。

静态法又称等温热重法,是在恒温下测定物质质量变化与温度的关系,通常把试样在各给定温度加热至恒重。该法比较准确,常用来研究固相物质热分解的反应速度和测定反应速度常数。

动态法又称非等温热重法,是在程序升温下测定物质质量变化与温度的关系,采用连续升温连续称重的方式。该法简便,易于与其他热分析法组合在一起,实际中采用较多。

热重分析仪的基本结构由精密天平、加热炉及温控单元组成,如图6-1所示。加热炉由温控加热单元按给定速度升温,并由温度读数表记录温度,炉中试样质量变化可由天平记录。

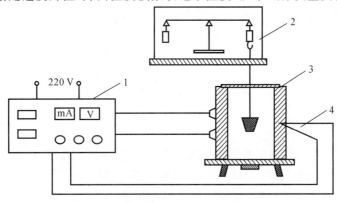

图6-1 热重分析仪原理图

1—温度控制器;2—天平;3—电炉;4—热电偶

由热重分析记录的质量变化对温度的关系曲线称热重曲线（TG 曲线）。曲线的纵坐标为质量，横坐标为温度。例如固体热分解反应 A(固)→B(固)＋C(气)的典型热重曲线如图 6-2 所示。

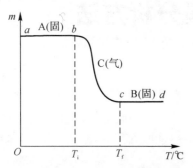

图 6-2　固体热分解反应的热重曲线

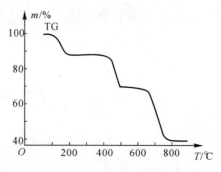

图 6-3　$CaC_2O_4 \cdot H_2O$ 的热重曲线

图中 T_i 为起始温度，即累计质量变化达到热天平可以检测时的温度。T_f 为终止温度，即累计质量变化达到最大值时的温度。

热重曲线上质量基本不变的部分称为基线或平台，如图 6-2 中 ab，cd 部分。

若试样初始质量为 m_0，失重后试样质量为 m_1，则失重百分数为$[(m_0-m_1)/m_0]\times100\%$。

许多物质在加热过程中会在某温度发生分解、脱水、氧化、还原和升华等物理化学变化而出现质量变化。发生质量变化的温度及质量变化百分数随着物质的结构及组成而异，因而可以利用物质的热重曲线来研究物质的热变化过程，如试样的组成、热稳定性、热分解温度、热分解产物和热分解动力学等。例如含有一个结晶水的草酸钙（$CaC_2O_4 \cdot H_2O$）的热重曲线如图 6-3所示，$CaC_2O_4 \cdot H_2O$ 在 100 ℃以前没有失重现象，其热重曲线呈水平状，为 TG 曲线的第一个平台。在 100～200 ℃之间失重并开始出现第二个平台。这一步的失重占试样总质量的 12.3%，正好相当于 1 mol $CaC_2O_4 \cdot H_2O$ 失掉 1 mol H_2O，因此这一步的热分解应按

$$CaC_2O_4 \cdot H_2O \xrightarrow{100\sim200\ ℃} CaC_2O_4 + H_2O$$

进行。在 400～500 ℃之间失重并开始呈现第三个平台，其失重占试样总质量的 18.5%，相当于 1 mol CaC_2O_4 分解出 1 mol CO，因此这一步的热分解应按

$$CaC_2O_4 \xrightarrow{400\sim500\ ℃} CaCO_3 + CO$$

进行。在 600～800 ℃之间失重并出现第四个平台，其失重占试样总质量的 30%，正好相当于 1 mol CaC_2O_4 分解出 1 mol CO_2，因此这一步的热分解应按

$$CaC_2O_4 \xrightarrow{600\sim800\ ℃} CaO + CO_2$$

进行，可见借助热重曲线可推断反应机理及产物。

2. 综合热分析

DTA，DSC，TG 等各种单功能的热分析仪若相互组装在一起，就可以变成多功能的综合热分析仪，如 DTA—TG，DSC—TG，DTA—TMA（热机械分析）、DTA—TG—DTG（微商热重分析）组合在一起。综合热分析仪的优点是在完全相同的实验条件下，即在同一次实验中可以获得多种信息，比如进行 DTA—TG—DTG 综合热分析可以一次同时获得差热曲线、热重曲线和微商热重曲线。根据在相同的实验条件下得到的关于试样热变化的多种信息，就可以

比较顺利地得出符合实际的判断。

综合热分析的实验方法与 DTA,DSC,TG 的实验方法基本类同,在样品测试前选择好测量方式和相应量程,调整好记录零点,就可在给定的升温速度下测定样品,得出综合热曲线。

综合热曲线实际上是各单功能热曲线测绘在同一张记录纸上,因此,各单功能标准热曲线可以作为综合热曲线中各个曲线的标准。利用综合热曲线进行矿物鉴定或解释峰谷产生的原因时,可查阅有关的图谱。

图 6-4 所示为某种黏土的综合热曲线,它包括加热曲线、差热曲线、热重曲线和收缩曲线。根据综合热分析可知,该黏土的主要谱形与高岭石($Al_2O_3 \cdot 2SiO_2 \cdot 2H_2O$)相符,故其矿物组成以高岭石为主。差热曲线两个显著的吸热峰,第一个吸热峰从 200 ℃ 以下开始发生至 260 ℃ 达峰值,热重曲线上对应着这一过程质量损失 3.7%,而收缩曲线表明这一过程体积变化不大,所以这一吸热峰对应的是高岭石失去吸附水、层间水的过程。第二吸热峰从 540 ℃ 开始至 640 ℃ 达顶峰,这一过程质量损失达 1.31%,而体积收缩 1.4%。这一过程强烈的吸热效应相当于高岭石晶格中 OH^- 根脱出或结晶水排除,致使晶格破坏,偏高岭石($Al_2O_3 \cdot 2SiO_2$)分解成无定形的 Al_2O_3 与 SiO_2。当温度升高到 1 000 ℃ 左右,无定形的 Al_2O_3 结晶成 $\gamma\text{-}Al_2O_3$ 和部分微晶莫来石,使差热谱上出现强烈的放热效应,此时质量无显著变化,体积却显著收缩,从 3.19% 达 8.67%。加热到 1 240 ℃ 又出现一放热峰,同时体积从 9.68% 迅速收缩到 14.4%,这显然又是一个结晶相的出现。据研究系非晶质 SiO_2 与 $\gamma\text{-}Al_2O_3$ 化合成莫来石($Al_2O_3 \cdot 2SiO_2$)结晶所致。

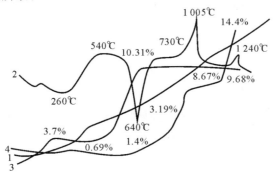

图 6-4　黏土的综合热曲线

1—加热曲线；2—差热曲线；3—热重曲线；4—收缩曲线

在综合热分析技术中,DTA-TG 组合是最普通最常用的一种,DSC-TG 组合也常用。根据试样物理或化学过程中所产生的质量与能量的变化情况,DTA(DSC)和 TG 所对应的过程可做出大致的判断,见表 6-1。表中"+"表示有,"-"表示无,在进行综合热曲线分析时可作为参考。

表 6-1　DTA(DSC)和 TG 对反应过程的判断

反应过程	DTA(DSC)		TG	
	吸热	放热	失重	增重
吸附和吸收	-	+	-	+

续　表

反应过程	DTA(DSC)		TG	
	吸热	放热	失重	增重
脱附和解吸	+	−	+	−
脱水(或溶剂)	+	−	+	−
熔融	+	−	−	−
蒸发	+	−	+	−
升华	+	−	+	−
晶型转变	+	+	−	−
氧化	−	+	−	+
分解	+	−	+	−
固相反应	+	+	−	−
重结晶	−	+	−	−

6.1.3　仪器设备

(1)失重实验装置(白金坩埚,天平,电炉,温度控制器)。

(2)差热分析仪,其装置如图 6-5 所示。主要由加热炉、差热电偶、样品座及差热信号和温度的显示仪表等所组成。

加热炉依据测量的温度范围不同,有低温型(800～1 000 ℃以下)、中温型(1 200 ℃以上)和高温型(1 400～1 600 ℃以下)3 种。

差热电偶是把材质相同的两个热电偶的相同极连接在一起,另外两个极作为差热电偶的输出极输出差热电势。

(3)计算机 1 台。

(4)彩色激光打印机 1 台。

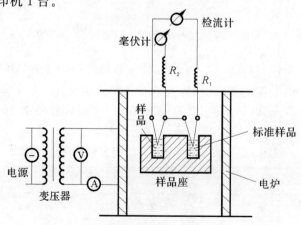

图 6-5　差热分析装置示意图

Ⓥ—电压表；Ⓐ—电流表；R_1,R_2—检流计回路中串联电阻箱 1 和 2

6.1.4　实验步骤

1. 试样准备

试样的用量与粒度对热重曲线有较大的影响。因为试样的吸热或放热反应会引起试样温度发生偏差,试样用量越大,偏差越大。试样用量大,逸出气体的扩散受到阻碍,热传递也受到影响,使热分解过程中 TG 曲线上的平台不明显。因此,在热重分析中,试样用量应在仪器灵敏度范围内尽量小。

试样的粒度同样对热传递气体扩散有较大影响。粒度不同会使气体产物的扩散过程有较大变化,这种变化会导致反应速率和 TG 曲线形状的改变。如粒度小,反应速率加快,TG 曲线上反应区间变窄。粒度太大总是得不到好的 TG 曲线的。

总之,试样用量与粒度对热重曲线有着类似的影响,实验时应选择适当。一般粉末试样应过 200～300 目筛,用量在 1 g 左右为宜。

2. 热重分析的样品测试步骤

(1)将样品铂金坩埚用毛刷刷净,挂于天平挂丝上,精确称量,记录其质量(注意勿使小坩埚及挂丝与炉壁相碰)。

(2)取下铂金坩埚盛入一定量的试样于铂金坩埚内(0.5～1.0 g),挂于吊丝上,再精确称量,计算出其样品质量。

(3)盖好挡热板,注意勿与吊丝相碰,接通加热电源,调压使升温速度约为 10 ℃/min,匀速升温。

(4)温度指示仪表指于 50 ℃时开始称量,此后每隔 50 ℃左右称量一次,但在发生质量改变剧烈的温度区间应缩小称量温度间隔,10 ℃称量一次。

(5)升温至 750 ℃时,实验结束,关闭天平,关闭各仪器开关,切断电源。

3. 差热分析仪的操作步骤

(1)打开放大器电源开关、记录仪开关,将差热仪预热 20 min 后再开启电炉电源。

(2)把炉体轻轻取下,确定差热电偶两工作端各自所应盛放的样品(本实验参比样品为煅烧氧化铝,测量样品为高岭土);装好样品,关好电炉盖。

(3)检查系统是否正常,打印机是否状态良好,设定基线。

(4)在"采样"程序中设定各参数,升温速率设定 10 ℃/min,升温。

(5)1 200 ℃实验结束,按程序关闭各仪器开关,实验结束。

6.1.5　实验报告及要求

(1)选择与 DTA 实验中测试的同种矿物,用静态法测绘 TG 曲线。

(2)选择 DTA 实验相同测试条件和同种矿物,测绘 DTA - TG 综合热曲线,解释曲线上能量和质量变化的原因,并与单功能 DTA(见图 6 - 6 差热曲线)、TG 曲线对照峰谷形状、温度及特点。

6.1.6　注意事项

(1)升温速率。升温速率显著影响热效应在 DSC 曲线和 DTA 曲线上的位置。不同的升温速率,DSC 曲线和 DTA 曲线的形态、特征及反应出现的温度范围不同。一般升温速率增加,热峰变得尖而窄,形态拉长,反应出现的温度滞后;所产生的热滞后现象,往往导致 TG 曲线上的起始温度和终止温度偏高,而且在曲线上呈现出拐点不明显的结果。升温速率降低时,热峰变得宽而矮,形态扁平,反应出现的温度超前;在升温速率较低的情况下可得到良好的 TG 曲线。

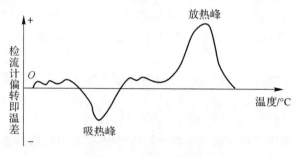

图 6 - 6　差热曲线(示例)

(2)样品颗粒度。粉末试样颗粒度的大小,对产生的热峰的温度范围和曲线形状有直接影响。一般来说,颗粒度越大,热峰产生的温度越高,范围越宽,峰形趋于扁而宽;反之,热效应温度偏低,峰形尖而窄。粒度越小,比表面积越大,反应速率越快,TG 曲线上的起始温度和终止温度降低,反应区间较小。试样颗粒度大往往得不到较好的 TG 曲线。一般样品粒度控制在 100~300 目。

(3)样品量。试样用量多时,试样内部形成的温度差大,当表面达到反应温度时,内部还需要经过一定的时间才能达到反应温度。一般而言,试样用量增加会使 TG 曲线向高温方向偏移;少量试样可得到较明显的热峰。通常 TG - DSC 试样用量为 15 mg 左右,TG - DTA 试样用量为 80 mg 左右。

(4)气氛。气氛对 TG,DSC 和 DTA 的测量有很大影响。对反应放出气体的试样,气氛的组分对测试结果影响显著。例如,$CaCO_3$ 在真空、空气和 CO_2 这 3 种不同气氛中测量 TG 曲线,有文献报道,其分解温度相差近 600 ℃。如果反应是可逆的分解反应,进行 TG 测量时,采用静态气氛不如采用动态气氛可获得重复性好的实验结果。

通常情况下人们比较注意气氛的惰性和氧化还原性,而常常忽视它对热峰和热焓值的影响,实际上气氛对 DSC 定量分析中的峰温和热焓值影响很大。例如,在氦气中所测定的起始温度和峰温都偏低;在氦气中所测定的热焓值只相当于其他气氛中的 40%。这是由于氦气的导热性强所导致的结果。

(5)坩埚材质。应选用对试样、中间产物、晶终产物和气氛没有反应活性和催化活性的材质坩埚,不同试样最好选用不同材质的坩埚。对于碳酸钠一类碱性试样,不要选用铝、石英、玻璃、陶瓷坩埚。有人发现,石英和陶瓷坩埚中的 SiO_2 与碳酸钠在 500 ℃ 左右发生反应生成硅酸钠和碳酸盐,致使碳酸钠的分解温度在石英和陶瓷坩埚中要比在白金坩埚中低。在使用白金坩埚时,要注意不能用于含磷、硫和卤素的高聚物试样。这是由于白金对许多有机物具有加氢或脱氢活性,同时含磷和硫的聚合物对白金坩埚有腐蚀作用。

6.1.7　思考题

1. 升温速度对热重曲线形状有何影响?

2. 影响质量测量准确度的因素有哪些? 在实验中可采取哪些措施来提高测量准确度?

3. 从晶体结构预测高龄土和滑石的差热曲线有何区别?

4. 要使一个多步分解反应过程在热重曲线上明晰可辨,应选择什么样的实验条件?

5. 综合热分析有何特点? 试总结一些综合热曲线分析的规律。

6.2 X 射线衍射技术及定性相分析

6.2.1 实验目的

(1)了解 X 射线衍射仪的结构和工作原理及使用方法;

(2)掌握 X 射线衍射物相定性分析的方法和步骤;

(3)给定实验样品,设计实验方案,做出正确分析鉴定结果。

6.2.2 实验原理

1. 定性相分析的原理和方法

任何多晶物质都有其特定的 X 射线衍射谱(衍射花样,diffraction pattern),在此衍射谱中包含大量的结构信息。由衍射谱分析多晶材料的相组成是其重要应用之一。它区别于化学分析:X 射线衍射所得到的是物质的相分而不是元素组分;X 射线衍射不仅能确定试样中不同组成的相分,还能区分相同物质的同素异构体,各相的相对含量也能计算,这就是物相的定性和定量分析。还应指出,X 射线衍射是试样宏观体积(约 100 mm² × 10 mm)内大量原子行为的统计结果,它与材料的物理、化学及力学性能有直接、密切的关系。

由多晶体衍射花样各线条的角度位置所确定的晶面间距 d 值以及它们的相对强度 I/I_1(I_1 是最强线的强度),是该多晶物质的固有特性。每种物质尤其是特定的晶格类型、晶胞尺寸、晶胞中的原子数以及每个原子的位置也是一定的,因而有确定的衍射花样,即使该物存在于混合物中也不会改变,所以可以像根据指纹来鉴别人一样,用衍射花样来鉴别多晶体物质,一旦未知物质衍射花样的 d 值和相对强度 I/I_1 与已知的标准花样相符,便可确定其结构。

定性相分析的基本方法就是将未知物质的衍射花样与已知物质花样的 $d,I/I_1$ 值对照。为使这一方法切实可行,就必须掌握大量已知相的标准衍射花样。1938 年,J. D. Hanawalt 首先进行了这一工作。1941 年,美国材料实验协会(The American Society for Testing Materials,简称 ASTM)提出推广,将每种物质的面间距 d 和相对强度 I/I_1 及其他一些数据以卡片形式出版,称 ASTM 卡。从 1969 年起,由 ASTM 和英、法、加等国家的有关协会组成国际机构"粉末衍射标准联合委员会",负责卡片的收集、校订和编辑工作。所以,以后的卡片统称为粉末衍射卡(The Powder Diffraction File,简称 PDF 卡)。

粉末衍射卡的形式如图 6-7 所示。该图为一张空白卡,卡片中各栏的意义现分述如下。

①栏:1a,1b,1c 分别列出德拜相上最强、次强、再次强这三强线的面间距,1d 是试样的最大面间距。

②栏:2a,2b,2c 分别列出上述各线条以最强线强度(I_1)为 100 时的相对强度 I/I_1。

③栏:衍射时的实验条件:Rad,辐射的种类;λ,波长;Filter,滤波片,当采用单色器时,写明"Mono";Dia,圆筒照相机直径;Cut off,所用设备能得到的最大间距;I/I_1,测量线条相对强

度的方法；dcorr. ads，测量 d 值是否经过吸收校正。

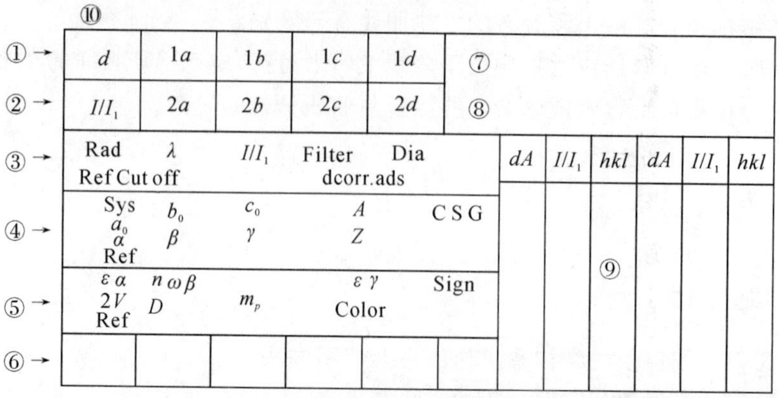

① → d	$1a$	$1b$	$1c$	$1d$	⑦							
② → I/I_1	$2a$	$2b$	$2c$	$2d$	⑧							
③ → Rad Ref Cut off	λ	I/I_1	Filter dcorr.ads	Dia		dA	I/I_1	hkl	dA	I/I_1	hkl	
④ → Sys a_0 α Ref	b_0 β	c_0 γ	A Z	C S G				⑨				
⑤ → $\varepsilon\alpha$ $2V$ Ref	$n\omega\beta$ D	m_p	$\varepsilon\gamma$ Color	Sign								
⑥ →												

图 6-7 粉末衍射卡片的形式

④栏：物质的晶体学数据：Sys，晶系；S.G，空间群；a_0，b_0，c_0 为点阵常数，其中，$A=a_0/b_0$，$C=c_0/b_0$；α，β，γ，晶轴间夹角；Z，单位晶（阵）胞中化学单位（对于元素指原子，对于化合物指分子）的数目。

⑤栏：光学性质数据：$\varepsilon\alpha$，$n\omega\beta$，$\varepsilon\gamma$，折射率；Sign，光学性质的"正"（＋）或"负"（－）；$2V$，光轴间夹角；D，密度（如由 X 射线法测得者标以 DX）；m_P，熔点；Color，颜色（如 Colorless 为无色）。

⑥栏：试样来源、制备方式、摄照温度等数据，有时也注明物质的升华点（S.P.）、分解温度（D.P.）、转变点（T.P.）、热处理等。

⑦栏：物质的化学式及英文名称，在化学式后常有数字及大写字母，其中数字表示单胞中的原子数，英文字母下面画一横线则表示布拉格点阵的类型。各个字母代表的点阵：

C——简单立方；B——体心立方；F——面心立方；T——简单四方；U——体心四方；

R——简单菱方；H——简单六方；O——简单斜方；P——体心斜方；Q——底心斜方；

S——面心斜方；M——简单斜方；N——底心单斜；Z——简单单斜。

⑧栏：物质的矿物学名称或通用名称，有机物为结构式。本栏中若有"☆"则表明卡片数据高度可靠；若有"O"则表明其可靠程度较低；无标号则表示一般；有字母"i"则表示已指标化及估计强度，但不如有星号的卡片可靠；有"c"表示数据是计算的。

⑨栏：面间距、相对强度及密勒指数。该栏中可能用到下列符号：b——宽、模糊或漫散射线；d——双线；n——并非所有资料上都有的线；nc——并非该晶胞所有的线；ni——对给定的单胞不能标注的线；np——不为给出的空间群所允许的指数；β——由于线的出现或重叠而使强度不确定；tr——痕迹线；＋——可能是附加指数。

⑩栏：卡片序号。如某物质需要两张卡片，则第二张卡片在序号之后以小写字母 a 表示。

各栏中的"Ref"均指该栏数据的来源。

为了从几万张卡片中快速找到所需卡片，必须使用索引书。目前常用的索引有数字索引和字母索引两大类。

（1）数字索引。这类索引以衍射线的 d 值为检索依据，按编排方式的不同有 Hanawalt 索引和 Fink 索引。

Hanawalt 索引的特点是,将已经测定的所有物质的 3 条最强线的 d_1 值从大到小按顺序分组排列,在每组内则按次强线的面间距 d_2 减小的顺序排列。考虑到影响强度的因素比较复杂,为了减少因强度测量的差异而带来的查找困难,在索引中将每种物质列出 3 次,一次将三强线以 $d_1-d_2-d_3$ 的顺序排出,然后又在索引书的其他地方以 $d_2-d_3-d_1$ 和 $d_3-d_1-d_2$ 的顺序再次列出。每条索引包括物质三强线的 d,I/I_1、化学式、名称和卡片的顺序号。

Fink 数字索引的特点是,在某一物质的条目中,d 的排列是以 d 的大小为序的,且强度列于前四位线条的 d 值用黑体字印刷,四强线中每根线的 d 值都放在首位排列一次,改变首位线条的 d 值时,整个数列的循环顺序不变。

物相分析的基本方法就是将待定试样的衍射谱线与卡片上的衍射谱线对照。这里介绍在试样的化学成分未知的情况下,利用数字索引进行定性分析的步骤(以 Hanawalt 法为例)。

1)拍摄待测试样的衍射谱。

2)测定衍射线对应的面间距 d 值及相对强度 I/I_1。由衍射仪测得谱线的峰位(2θ),一般按峰顶的部位确定,再根据 2θ 及光源的波长 λ 求出对应的面间距 d 值,目前的全自动衍射仪均可自动完成这一工作。随后取扣除背底的峰高为线强度测算相对强度(以最强线强度 I_1 为 100),将数据依 d 值从大到小列表。

3)进行检索。以试样衍射谱中第一、二强线为依据查找 Hanawalt 索引。在包含第一强线的大组中,找到第二强线的条目,将此条中的 d 值与试样衍射谱对照,如果不能符合,则说明这两条衍射线不属于同一物相,则取试样衍射谱中的第三强线作为第二强线检索,可找到某种物质的 d 值与衍射谱符合,按索引给出的卡片号取出卡片,对照全谱,确定出第一相物质。再将剩余线条中最强线的强度作为 100,重新估算剩余线条的相对强度,取二强线并按前述方法查对 Hanawalt 索引,得出对应的第二相物质。如果试样谱线与卡片完全符合,则定性完成。在实际的物相分析时,可能遇到三相或更多相的物质,其分析步骤均如上述方法。

(2)字母索引(A1phabetical IndeX)。当已知被测样品的主要化学成分时,可应用字母索引。字母索引是按物质化学元素英文名称的第一个字母顺序排列的,在同一元素档中又以第二元素或化合物名称的第一个字母顺序排列,其名称后列出物质的化学式、三强线的 d 值和相对强度(用脚标表示),最后给出卡号。对多元素物质,各主元素都作为检索元素编入,如 Mg_2Si 可分别在 Magnesium silicide,Silieide 和 Magnesium 条目中查到。

2．X 射线衍射仪的构造和原理

X 射线衍射仪是进行 X 射线分析的重要设备,主要由 X 射线发生器(X 射线管)、测角仪、记录仪和水冷却系统组成。新型的衍射仪还带有条件输入和数据处理系统。X 射线衍射仪原理如图 6-8 所示。

(1)X 射线发生器。X 射线发生器主要由高压控制系统和 X 光管组成,它是产生 X 射线的装置,由 X 光管发射出的 X 射线包括连续 X 射线光谱和特征 X 射线光谱,连续 X 射线光谱主要用于判断晶体的对称性和进行晶体定向的劳埃法,特征 X 射线用于进行晶体结构研究的旋转单体法和进行物相鉴定的粉末法。

射线管主要分密闭式和可拆卸式两种。广泛使用的是密闭式,由阴极灯丝、阳极、聚焦罩等组成,功率大部分在 1~2 kW。可拆卸式 X 射线管又称旋转阳极靶,其功率比密闭式大许多倍,一般为 12~60 kW。常用的 X 射线靶材有 W,Ag,Mo,Ni,Co,Fe,Cr,Cu 等。X 射线管线焦点为 1×10 mm^2,取出角为 3~6°。

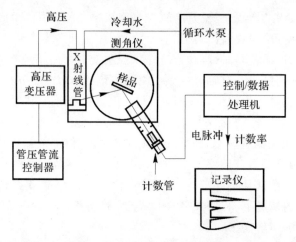

图 6-8　X 射线衍射仪原理图

选择阳极靶的基本要求:尽可能避免靶材产生的特征 X 射线激发样品的荧光辐射,以降低衍射花样的背底,使图样清晰。

(2)测角仪。测角仪是粉末 X 射线衍射仪的核心部件,主要由索拉光阑、发散狭缝、接收狭缝、防散射狭缝、样品座及闪烁探测器等组成,其结构示意图如图 6-9 所示。

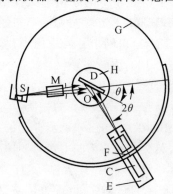

图 6-9　X 射线测角仪结构示意图

C—计数管;D—样品;E—支架;F—接收(狭缝)光阑;
G—大转盘;H—小转盘;S—X 射线源

1)衍射仪一般利用线焦点作为 X 射线源 S。如果采用焦斑尺寸为 1 mm×10 mm 的常规 X 射线管,出射角 6°时,实际有效焦宽为 0.1 mm,成为 0.1 mm×10 mm 的线状 X 射线源。

2)从 S 发射的 X 射线,其水平方向的发散角被第一个狭缝限制之后,照射小转盘 H 上的试样。这个狭缝称为发散狭缝(DS),生产厂供给 1/6°,1/2°,1°,2°,4°的发散狭缝和测角仪调整用 0.05 mm 宽的狭缝。

3)从试样上衍射的 X 射线束,在光阑 F 处聚焦,放在这个位置的第二个狭缝,称为接收狭缝(RS),生产厂供给 0.15 mm、0.3 mm、0.6 mm 宽的接收狭缝。

4)第三个狭缝是防止空气散射等非试样散射 X 射线进入计数管 C,称为防散射狭缝(SS)。SS 和 DS 配对,生产厂供给与发散狭缝的发射角相同的防散射狭缝。

5)S1,S2 称为索拉狭缝,是由一组等间距相互平行的薄金属片组成,它限制入射 X 射线和衍射线的垂直方向发散。索拉狭缝装在叫做索拉狭缝盒的框架里。这个框架兼作其他狭缝插座用,即插入 DS,RS 和 S。

X 射线源焦点与计数管窗口分别位于测角仪圆周上,样品位于测角仪圆的正中心。当给 X 光管加以高压,产生的 X 射线经由发射狭缝射到样品上时,晶体中与样品表面平行的面网,在符合布拉格条件时即可产生衍射而被计数管接收。当计数管在测角仪圆所在平面内扫射时,样品与计数管以 1∶2 速度连动。因此,在某些角位置能满足布拉格条件的面网所产生的衍射线将被计数管依次记录并转换成电脉冲信号,经放大处理后通过记录仪描绘成衍射图。

(3)X 射线探测记录装置。衍射仪中常用的探测器是闪烁计数器(SC),它是利用 X 射线能在某些固体物质(磷光体)中产生的波长在可见光范围内的荧光,这种荧光再转换为能够测量的电流。由于输出的电流和计数器吸收的 X 光子能量成正比,因此可以用来测量衍射线的强度。

闪烁计数管的发光体一般是用微量铊活化的碘化钠(NaI)单晶体。这种晶体经 X 射线激发后发出蓝紫色的光。将这种微弱的光用光电倍增管来放大,发光体的蓝紫色光激发光电倍增管的光电面(光阴极)而发出光电子(一次电子)。光电倍增管电极由 10 个左右的联极构成,由于一次电子在联极表面上激发二次电子,经联极放大后电子数目按几何级数剧增(约 106 倍),最后输出几个毫伏的脉冲。

(4)计算机控制、处理装置。日本理学 D/max22200PC 自动 X 射线衍射仪主要操作都由计算机控制自动完成,扫描操作完成后,衍射原始数据自动存入计算机硬盘中供数据分析处理。数据分析处理包括平滑点的选择、背底扣除、自动寻峰、d 值计算、衍射峰强度计算等。

6.2.3　仪器设备

采用日本理学 D/max22200PC 自动 X 射线衍射仪,性能指标:测角误差±0.005°。

6.2.4　实验步骤

1. 参数选择

(1)阳极靶的选择。选择阳极靶的基本要求:尽可能避免靶材产生的特征 X 射线激发样品的荧光辐射,以降低衍射花样的背底,使图样清晰。不同靶材的使用范围,必须根据试样所含元素的种类来选择最适宜的特征 X 射线波长(靶)。当 X 射线的波长稍短于试样成分元素的吸收限时,试样强烈地吸收 X 射线,并激发产生成分元素的荧光 X 射线,背底增高。其结果是峰背比(信噪比)P/B 低(P 为峰强度,B 为背底强度),衍射图谱难以分清。

X 射线衍射所能测定的 d 值范围,取决于所使用的特征 X 射线的波长。X 射线衍射所需测定的 d 值范围大都在 1.0～0.1 nm 之间。为了使这一范围内的衍射峰易于分离而被检测,需要选择合适波长的特征 X 射线。一般测试使用铜靶,但因 X 射线的波长与试样的吸收有关,可根据试样物质的种类分别选用 Co,Fe 或 Cr 靶。此外还可选用钼靶,这是由于钼靶的特征 X 射线波长较短,穿透能力强。如果希望在低角处得到高指数晶面衍射峰,或为了减少吸收的影响等,均可选用钼靶。

(2)扫描范围的确定。不同的测定目的,其扫描范围也不同。当选用 Cu 靶进行无机化合物的相分析时,扫描范围一般为 90°～2°(2θ);对于高分子,有机化合物的相分析,其扫描范围一般为 60°～2°;在定量分析、点阵参数测定时,一般只对欲测衍射峰扫描几度。

（3）管电压和管电流的选择。工作电压设定为 3～5 倍的靶材临界激发电压。选择管电流时功率不能超过 X 射线管额定功率，较低的管电流可以延长 X 射线管的寿命。

X 射线管经常使用的负荷（管压和管流的乘积）选为最大允许负荷的 80% 左右。但是，当管压超过激发电压 5 倍以上时，强度的增加率将下降。所以，在相同负荷下产生 X 射线时，在管压约为激发电压 5 倍以内时要优先考虑管压，在更高的管压下其负荷可用管流来调节。靶元素的原子序数越大，激发电压就越高。由于，连续 X 射线的强度与管压的平方呈正比，特征 X 射线与连续 X 射线的强度之比，随着管压的增加接近一个常数，当管压超过激发电压的 4～5 倍时反而变小，因此，管压过高，信噪比 P/B 将降低，这是不可取的。

（4）发散狭缝的选择（DS）。发散狭缝决定了 X 射线水平方向的发散角，限制试样被 X 射线照射的面积。如果使用较宽的发射狭缝，X 射线强度增加，但在低角处入射 X 射线超出试样范围，照射到边上的试样架，出现试样架物质的衍射峰或漫散峰，对定量相分析带来不利的影响，因此有必要按测定目的选择合适的发散狭缝宽度。生产厂家提供 $1/6°$，$1/2°$，$1°$，$2°$，$4°$ 的发散狭缝。通常定性物相分析选用 $1°$ 发散狭缝，当低角度衍射特别重要时，可以选用 $1/2°$（或 $1/6°$）发散狭缝。

（5）接收狭缝的选择（RS）。生产厂家提供 $0.15\ mm$，$0.3\ mm$，$0.6\ mm$ 的接收狭缝，接收狭缝的大小影响衍射线的分辨率。接收狭缝越小，分辨率越高，衍射强度越低。通常物相定性分析时使用 $0.3\ mm$ 的接收狭缝，精确测定可使用 $0.15\ mm$ 的接收狭缝。

粉末样品、块状样品、微量样品、薄膜样品制备用，也有多种可供选择的方式。

（6）滤波片的选择。Z 滤＜Z 靶－（1～2）；Z 靶＜40，Z 滤＝Z 靶－1；Z 靶＞40，Z 滤＝Z 靶－2。

（7）扫描速度的确定。连续扫描中采用的扫描速度是指计数器转动的角速度。慢速扫描可使计数器在某衍射角度范围内停留的时间更长，接收的脉冲数目更多，使衍射数据更加可靠，但需要花费较长的时间。对于精细的测量应采用慢扫描，物相的预检或常规定性分析可采用快扫描，在实际应用中可根据测量需要选用不同的扫描速度。

步进扫描中用步宽来表示计数管每步扫描的角度，有多种方式表示扫描速度。

常规物相定性分析常采用每分钟 $2°$ 或 $4°$ 的扫描速度，在进行点阵参数测定、微量分析或物相定量分析时，常采用每分钟 $1/2°$ 或 $1/4°$ 的扫描速度。

2. 样品制备

X 射线衍射分析的样品主要有粉末样品、块状样品、薄膜样品、纤维样品等。样品不同，分析目的不同（定性分析或定量分析），则样品制备方法也不同。

（1）粉末样品。X 射线衍射分析的粉末试样必需满足这样两个条件：晶粒要细小，试样无择优取向（取向排列混乱）。所以，通常将试样研细后使用，可用玛瑙研钵研细。定性分析时粒度应小于 $44\ \mu m$（350 目），定量分析时应将试样研细至 $10\ \mu m$ 左右。较方便确定 $10\ \mu m$ 粒度的方法是，用拇指和中指捏住少量粉末，并碾动，两手指间没有颗粒感觉的粒度大致为 $10\ \mu m$。常用的粉末样品架为玻璃试样架，在玻璃板上蚀刻出试样填充区为 $20\ mm×18\ mm$。玻璃样品架主要用于粉末试样较少时（约少于 $500\ mm^3$）使用。充填时，将试样粉末一点一点地放进试样填充区，重复这种操作，使粉末试样在试样架里均匀分布并用玻璃板压平实，要求试样面与玻璃表面齐平。如果试样的量少到不能充分填满试样填充区，可在玻璃试样架凹槽里先滴一薄层用醋酸戊酯稀释的火棉胶溶液，然后将粉末试样撒在上面，待干燥后测试。该方法为美国国家标准局（NBS）1971 年提出的制样方法，目的是避免样品的择优取向，该方法简称为

NBS 法。

(2)块状样品。先将块状样品表面研磨抛光,大小不超过 20 mm×18 mm,然后用橡皮泥将样品粘在铝样品支架上,要求样品表面与铝样品支架表面平齐。

(3)微量样品。取微量样品放入玛瑙研钵中将其研细,然后将研细的样品放在单晶硅样品支架上(切割单晶硅样品支架时使其表面不满足衍射条件),滴数滴无水乙醇使微量样品在单晶硅片上分散均匀,待乙醇完全挥发后即可测试。

(4)薄膜样品。将薄膜样品剪成合适大小,用胶带纸粘在玻璃样品支架上即可。

3. 样品测试

(1)开机前的准备和检查。将制备好的试样插入衍射仪样品台,盖上顶盖,关闭防护罩;开启水龙头,使冷却水流通;X 光管窗口应关闭,管电流管电压表指示应在最小位置;接通总电源。

(2)开机操作。开启衍射仪总电源,启动循环水泵;待数分钟后,打开计算机 X 射线衍射仪应用软件,设置管电压、管电流至需要值,设置合适的衍射条件及参数,开始样品测试。

(3)停机操作。测量完毕,关闭 X 射线衍射仪应用软件;取出试样;15 min 后关闭循环水泵,关闭水源;关闭衍射仪总电源及线路总电源。

4. 数据处理

测试完毕后,可将样品测试数据存入磁盘供随时调出处理。原始数据需经过曲线平滑、Ka2 扣除、谱峰寻找等数据处理步骤,最后打印出待分析试样衍射曲线、d 值、2θ、强度、衍射峰宽等数据供分析鉴定。

6.2.5　实验报告及要求

(1)实验课前必须预习实验讲义和教材,掌握实验原理等必需知识。

(2)根据教师给定实验样品,设计实验方案,选择样品制备方法、仪器条件参数等。

(3)要求用实验报告纸写出:实验原理、实验方案步骤(包括样品制备、实验参数选择、测试、数据处理等)、选择定性分析方法、物相鉴定结果分析等。

(4)鉴定结果要求写出样品名称(中英文)、卡片号,实验数据和标准数据三强线的 d 值、相对强度及(HKL)。

6.2.6　注意事项

(1)样品粉末的粗细。样品的粗细对衍射峰的强度有很大的影响。要使样品晶粒的平均粒径在 5 μm 左右,以保证有足够的晶粒参与衍射。避免晶粒粗大、晶体的结晶完整、亚结构大,或镶嵌块相互平行,使其反射能力降低,造成衰减作用,从而影响衍射强度。

(2)样品的择优取向。具有片状或柱状完全解理的样品物质,其粉末一般都呈细片状或细律状,在制作样品过程中易于形成择优取向,形成定向排列,从而引起各衍射峰之间的相对强度发生明显变化,有的甚至是成倍地变化。对于此类物质,要想完全避免样品中粉末的择优取向,往往是难以做到的。不过,对粉末进行长时间(例如达 30 min)的研磨,使之尽量细碎;制样时尽量轻压,或采用上述 NBS 法的装样方法;必要时还可在样品粉末中掺和等体积的细粒硅胶,这些措施都能有助于减少择优取向。

(3)实验参数的选择。根据研究工作的需要选用不同的测量方式和实验参数,记录的衍射图谱不同,因此在衍射图谱上必须标明主要的实验参数条件。

6.2.7　思考题

1. X射线衍射分析在无机非金属材料研究中有哪些应用？
2. 粉末衍射仪核心部件是什么？该部件包括哪些部分？
3. X射线物相分析的理论依据是什么？
4. PDF卡片索引有哪几种？各以什么依据排序？适用于什么情况下检索？

6.3　扫描电镜及试样的显微电子图像观察

6.3.1　实验目的

(1)了解扫描电镜的基本结构和原理及操作，加深对扫描电镜结构和原理的了解。

(2)了解扫描电镜试样的制备方法。

(3)了解二次电子像、被散射电子像和吸收电子像观察记录操作的全过程及其在形貌组织观察中的应用。

6.3.2　扫描电镜的基本结构和原理

扫描电镜(SEM)是由电子光学系统、扫描系统、信号收集和图像显示系统、真空系统、供电控制系统和冷却系统等6个部分组成。图6-10所示为其结构原理示意图。

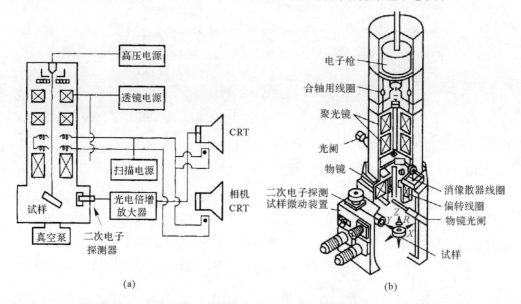

图6-10　扫描电镜(SEM)的工作原理图

1. 电子光学系统

电子光学系统包括电子枪、电磁透镜、扫描线圈和样品室，如图6-10(b)所示。

(1)电磁透镜的作用是把电子枪的束斑(虚光源)逐级聚焦，缩小成为直径只有数个纳米的细小斑点，要达到这样的缩小倍数，需用几个透镜来完成。在扫描电镜中照射到样品上的电子束直径越小,就相当于成像单元的尺寸越小,相应的分辨率就越高。

(2)扫描线圈(见图6-11)的作用是使电子束偏转,并在样品表面作有规律的扫动。电子束在样品上的扫描动作和显像管上的扫描动作保持严格同步,因为它们是由同一扫描发生器控制的。电子束在样品表面进行的扫描方式有两种:光栅扫描方式(用于形貌分析)和角光栅或摇摆扫描方式(用于电子通道花样分析)。

(3)样品室内除放置样品外,还安置信号探测器。样品台本身是一个复杂而精密的组件,它能夹持一定尺寸的样品,并能使样品作平移、倾斜和转动等动作,以利于对样品上每一特定位置进行各种分析。新式扫描电镜的样品室实际上是一个微型实验室,它带有多种附件,可以在样品台上加热、冷却和进行力学性能实验(如拉伸和疲劳)。

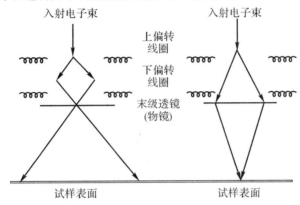

图 6-11　电子束在样品表面进行的扫描方式

2. 信号的收集和图像显示系统

图6-12所示为电子检测器示意图。二次电子、背散射电子和透射电子的信号都可采用闪烁计数器来进行检测。信号电子进闪烁体即引起电离,当离子和自由电子复合后就产生可见光。可见光信号通过光导管送入光电倍增器,光信号经放大,又转化成电流信号输出,电流信号经视频放大器放大后就成为调制信号。如前所述,因为镜筒中的电子束和显像管中电子束是同步扫描的,而荧光屏上每一点的亮度是根据样品上被激发出来的信号强度来调制的,而且样品上各点的状态各不相同,所以接收到的信号也不相同,于是就可以在显像管上看到一幅反映试样各点状态的扫描电子显微图像。

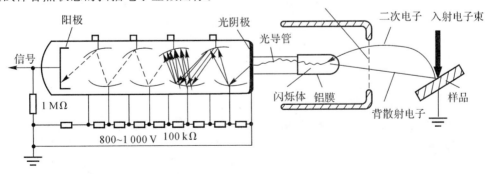

图 6-12　电子检测器示意图

3. 真空系统

为保证扫描电子显微镜电子光学系统的正常工作,对镜筒内的真空度有一定的要求。在一般情况下,如果真空系统能提供 $1.33×10^{-2}～1.33×10^{-3}$ Pa 的真空度,就可以防止样品的污染。如果真空度不足,除样品被严重污染外,还会出现灯丝寿命下降、极间放电等问题。

4. 扫描系统

扫描电镜的基本工作原理如图 6-10 所示。由电子枪发射出的电子束经过聚光镜系统和末级透镜的会聚作用形成一个直径很小的电子探针束(probe)投射到试样表面上,同时,镜筒内的偏转线圈使这个电子束在试样表面作光栅式扫描。在扫描过程中,入射电子束依次在试样的每个作用点激发出各种信息,例如二次电子、X 射线和背散射电子等。安装在试样附近的各类探测器分别把检测到的有关信号经过放大处理后输送到阴极射线管(简称 CRT)的栅极调制其亮度,从而在与入射电子束作同步扫描的 CRT 上显示出试样表面的图像。根据成像讯号不同,可以在 SEM 的 CRT 上分别得到试样表面的二次电子像、背反射电子像、X 射线元素分布图和吸收电流像等。

扫描电子显微镜的主要性能包括分辨率、放大倍数和景深。

(1)分辨率。分辨率取决于:入射电子束的直径与束流;成像讯号的信噪比;入射电子束在试样中的扩散体积和被检测讯号在试样中的逸出距离。扫描电镜的各主要信号的成像分辨率见表 6-2。

表 6-2 各种信号成像的分辨率

信 号	二次电子	背散射电子	吸收电子	X 射线	俄歇电子
分辨率/nm	3～10	50～200	100～1 000	100～1 000	5～10

因为在图像分析时二次电子(或俄歇电子)信号的分辨率最高,所以扫描电镜的分辨率,即是二次电子像的分辨率。

扫描电镜的分辨率是通过测定图像中两个颗粒(或区域)间的最小距离来确定的。测定的方法是在已知放大倍数的条件下,把在图像上测到的最小间距除以放大倍数就是分辨率。

在其他条件相同的情况下(如信噪比、磁场条件、机械振动等),电子束的束斑大小、检测信号的类型以及检测部位的原子序数是影响扫描电镜分辨率的三大因素。

(2)放大倍数。当入射电子束作光栅扫描时,如电子束在样品表面扫描的幅度为 A_s,则对应在荧光屏上阴极射线同步扫描的幅度应该是 A_c,A_c 和 A_s 的比值就是扫描电镜的放大倍数,记为 m,即

$$m = \frac{A_c}{A_s} \tag{6-1}$$

(3)景深。扫描电镜的景深是指能使样品上高低不同的部位同时聚焦的一个能力范围,这个范围用一段距离来表示。在一般情况下,扫描电镜末级透镜焦距越长,景深越大。

6.3.3 仪器设备

采用北京科学研究中心生产的扫描电子显微镜,放大倍数为 10 万倍、分辨率为 4.5 nm。

6.3.4　实验步骤

1. 扫描电镜的操作步骤

(1)开机:①接通电源,打开冷却系统。②按下列程序抽真空:预抽真空,一般不超过 5 min;加热油扩散泵,一般需 20~25 min;抽高真空,约 5 min 后仪器可进入工作状态。③接通高压,加高压直至所需值。④加灯丝束流直至所需值。⑤接通显示器、扫描系统电源。

(2)电子束合轴:

1)顺时针旋转灯丝钮,慢慢加大灯丝电流,确定灯丝饱和点。最佳灯丝电流应略低于饱和点电流,以延长灯丝寿命并获得稳定的发射电流。

2)电子束对中调整,它包括电子枪合轴和末级光阑合轴两个方面。电子枪合轴是调节电子枪上的机械合轴螺栓和电磁对中线圈的电流,使电子束和电子光路同轴,在显示屏上得到最亮的图像。末级光阑合轴是调节光阑螺栓,微调光阑位置,使图像在过焦和欠焦时不发生横向漂移。在改变末级光阑孔径和聚光镜电流时要进行末级光阑合轴。

(3)更换样品:

1)关断灯丝电流、高压、显示器和扫描系统电源,约 2 min 灯丝稍许冷却后,对镜筒放气。

2)将试样移动机构回到原始位置,打开样品室,取出样品台。注意样品台及其他部件不要碰撞样品室。

3)取下样品座,将所需的样品座放到样品台上,调整试样标准高度,然后将样品放入样品室。

4)重新对镜筒抽真空,约 5 min 后仪器可进入工作状态。

(4)二次电子像的观察和分析。通常用电子探测器接收二次电子。在探测器收集极的正电位(一般为 250~500 V)作用下二次电子被拉向收集极,然后又被带 10 kV 正电压的加速极加速,打到闪烁体上,产生光信号,经光导管输送到光电倍增管,光信号又转变为电信号并经放大后输送到显示系统,调制显像管栅极,从而显示出反映试样表面特征的二次电子像。为了获得立体感强、层次丰富、细节清楚的高质量图像,在观察过程中必须反复仔细选择设定各种条件参数。

1)高压选择。二次电子像的分辨率随加速电压增加而提高。一般先在 20 kV 下初步观察,对于不同的试样状态和不同的观察目的选择不同的高压值。如对原子序数小的试样应选择较小的高压值,以防止电子束对试样穿透过深和荷电效应。加速电压越大,分辨率越高,荷电效应越大,污染的影响越小,外界干扰越小,像质衬度越大。

2)聚光镜电流选择。在高压和光阑固定的情况下,调节聚光镜电流就可改变电子束束流。聚光镜激磁电流越大,电子束束流越小,束斑直径也越小,从而提高了分辨率。但由于试样照射电流减小而使图像变得粗糙,噪声增多。

3)末级(或物镜)光阑的选择。光阑孔径与景深、分辨率及试样照射电流有关。光阑孔径大,景深小,分辨率低,试样照射电流大,反之亦然。在观察二次电子像时通常选用 300 μm 和 200 μm 光阑孔。

4)工作距离和试样倾斜角的选择。工作距离是指末级聚光镜(或物镜)光阑下极靴端面到试样表面的距离,通过试样微动装置的 z 轴进行调节。工作距离小,分辨率高,反之亦然。通常用 10~15 mm,要求高的分辨率时用 5 mm,为了加大景深可用 30 mm。二次电子像的衬度与电子束的入射角有关。入射角越大,二次电子产生越多,像的衬度越好。较平坦的试样应加大试样倾斜角度,以提高图像衬度。

5)聚焦和像散校正。在观察图像时,只有准确聚焦才能获得清晰的图像,通过调节聚集钮而实现。一般在慢速扫描时进行聚焦,也可在选区扫描时进行,还可在线扫描方式下调焦,使视频信号的波峰处于最尖锐状态。由于扫描电镜景深较大,因此通常在高倍下聚焦,低倍下观察。

当电子通道环境受污染时将产生严重像散,在过焦和欠焦时图像细节在互为 90° 时必须用消像散器进行像散校正。校正方法有两种:一种是用聚焦钮找出像散的两个最大位置,计算聚焦钮的挡数后将其置于中间位置,然后反复调消像散钮直至图像最清晰。另一种方法是一边聚焦一边消像散,直至图像不漂移。消像散通常在慢扫描或选区扫描时进行。在改变光阑孔径和聚光镜电流时都应重新聚焦和消像散。

6)放大倍数选择。放大倍数的选择按实际观察所要求的分辨细节而定。

7)亮度与对比度的选择。一幅清晰的图像必须有适中的亮度和对比度。在扫描电镜中,调节亮度实际上是调节前置放大器输入信号的电平来改变显示屏的亮度。衬度调节是调节光电倍增管的高压来改变输出信号的强弱。当试样表面明显凸凹不平时对比度应选择小一些,以达到明暗对比清楚,使暗区的细节也能观察清楚为宜。对于平坦试样应加大对比度。如果图像明暗对比十分严重,则应加大灰度,使明暗对比适中。

8)二次电子像的分析。二次电子像的产生深度和体积都很小,对试样的表面特征反映最灵敏,分辨率高,是扫描电镜中最常用的物理信息。试样的棱边、尖峰处产生的二次电子较多,则二次电子像的相应处较亮,而平台、凹坑处射出的二次电子较少,则二次电子像的相应处较暗。根据二次电子像,对于陶瓷材料,可以观察晶粒形状和大小,断口的形貌,晶粒间的结合关系,夹杂物和气孔的分布特点;对于水泥和混凝土材料,可以观察水泥熟料,水泥浆体和混凝土中各晶体或凝胶体的空间位置,相互关系及结构特点;对于玻璃材料,可以观察玻璃的分相特点;对于复合材料常用深浸蚀法把基体相溶到一定的深度,使待观察相暴露于基体之上,利用二次电子像可以观察到组成相的三维立体形态;对于金属材料,可以观察断口的形貌特点,揭示断裂机理和产生裂纹的原因。

(5)背散射电子像的观察。背散射电子要用背散射电子探测器接收,主要有以下 3 种:

1)通常和二次电子共用一个探测器,只是在收集极上加 20～30 V 的负电压,以排斥二次电子,不让其进入探测器参与成像。

2)单独的背散射电子接受附件,操作时将背散射电子探测器插入镜筒并接通相应的前置放大器。

3)两个单独的背散射电子探测器对称地装在试样的上方。

背散射电子的产额与试样的表面形貌有关,但由于背散射电子能量大,离开试样表面沿直线运动,射出方向基本不受弱电场影响,因而只有面向探测器的背散射电子能被检测,背向探测器者不能进入探测器。这样检测到的背散射电子强度比二次电子弱得多。又由于产生背散射电子的样品深度范围大,因此,背散射电子像的反差差比二次电子像大,且有阴影效应,分辨率也较低。背散射电子的产额还与试样成分有关,试样物质的原子序数越大,背散射电子数量越多。所以背散射电子像的衬度也反映了试样表面微区平均原子序数的差异,平均原子序数高的微区在图像上较亮,平均原子序数小的微区相应地较暗。由于所检测到的背散射电子信号较弱,因此在观察时要加大束流,并用慢速扫描。另外,对于粗糙表面,原子序数衬度往往被形貌衬度所掩盖,因此,用来显示原子序数衬度的样品,一般只需抛光而不必进行浸蚀。

(6)图像记录。经反复调节,获得满意的图像后就可进行照相记录。在照相时,要适当降低增益并将图像的亮度和对比度调到合适的范围内,以获得背景适中、层次丰富、立体感强且柔和的照片。

(7)停机。按开机的逆程序进行,但需要注意,关断扩散泵电源,约 30 min 后再关断机械泵电源。

2. 试样的制备

(1)粉末样品的制备。粉末样品的制备常用的是胶纸法,先把两面胶纸粘贴在样品座上,然后把粉末撒到胶纸上,吹去为粘贴在胶纸上的多余粉末即可。对于不导电的粉末样品必须喷镀导电层。

(2)块状样品的制备。对于导电性材料只要切取适合于样品台大小的试样块,用导电胶贴在铜或铝质样品座上,即可直接放到扫描电镜中观察。对于导电性差或绝缘的非金属材料,要用导电胶粘贴到样品座上后,要在离子溅射镀膜仪或真空镀膜仪中喷镀一层导电层。

6.3.5　实验报告及要求

(1)简述扫描电镜的结构。
(2)简要说明形貌衬度和原子序数衬度原理。
(3)根据实验体会,说明对扫描电镜的认识。

6.3.6　思考题

1. 简述扫描电镜的成像原理。
2. 扫描电镜的分辨率与哪些因素有关?
3. 二次电子像、背散射电子像和吸收电子像对制样有何要求?试对比这些图像的衬度特点。
4. 简述衬度的概念及扫描电镜图像衬度原理。

6.4　透射电镜及试样的显微电子图像观察

6.4.1　实验目的

(1)了解透射电镜的结构原理与操作方法。
(2)了解透射电镜试样的制备方法。
(3)观察及分析粉末试样和块体试样的电子图像。

6.4.2　透射电镜的基本结构和成像原理

透射电子显微电镜是一种高分辨率、高放大倍数的显微镜,是材料科学研究的重要手段。能提供极微细材料的组织结构、晶体结构和化学成分等方面的信息。透射电子显微镜(简称透射电镜,TEM),可以以几种不同的形式出现,如高分辨电镜(HRTEM)、透射扫描电镜

(STEM)、分析型电镜(AEM)等。入射电子束(照明束)也有两种主要形式:平行束和会聚束。前者用于透射电镜成像及衍射,后者用于扫描透射电镜成像、微分析及微衍射。透射电子显微镜由照明系统、成像系统、记录系统、真空系统和电器系统组成。如图 6-13 所示为透射电镜组成示意图。

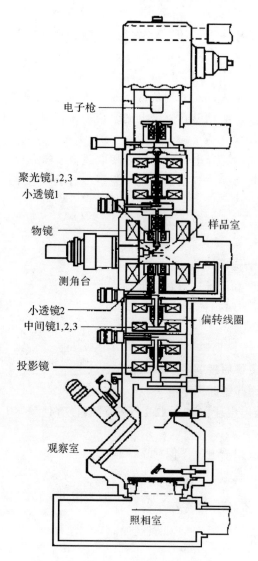

电子枪

聚光镜1,2,3

小透镜1

物镜

样品室

测角台

小透镜2

中间镜1,2,3

偏转线圈

投影镜

观察室

照相室

图 6-13 透射电镜组成示意图

1. 照 明 系 统

照明系统的作用是提供亮度高、相干性好、束流稳定的照明电子束。这主要由发射并使电子加速的电子枪和会聚电子束的聚光镜组成。电子显微镜使用的电子源有两类:一类为热电子源,即在加热时产生电子束;另一类为场发射源,即在强电场作用下产生电子。为了控制由电子源产生的电子束,并将其导入照明系统,须将电子源安装在称为电子枪的特定装置内。对热电子源和场发射源,电子枪的设计不同。目前绝大多数透射电镜仍使用热电子发射源。此外,在照明系统中还安装有电子束倾斜装置,可以很方面地使电子束在 2°～3° 的范围内倾斜,以便以某些特定的倾斜角度照明样品。

2. 成像系统

成像光学系统,又称镜筒,是透射电镜的主体,由各种磁透镜和光阑组成。一般由 2 或 3 枚聚光镜和一枚聚光镜光阑组成,它们的组合可调节电子束斑的大小、平行度(即会聚角)和电流的大小,并分别形成有利于成像、能谱分析、微束衍射和会聚束衍射的不同模式。TEM 成像模式(包括普通衍射)为基本模式,也可进行其他分析模式所含功能的调节,只是调节的范围较小。成像模式还可以通过物镜光阑和选区光阑的选择进一步细分不间的像和衍射形态。成像时一般要求比较平行(较为发散)的电子束、较大电流和较大束斑,高分辨成像时会适当会聚电子束斑以增加电流密度来缩短曝光时间。其他模式都属于分析模式,一般都要将电于束进行较大程度的会聚,并与聚光镜光阑一起将会聚角度和电流强度进行控制。EDS 能谱模式要求有较大电流,因此会聚角和光阑都较大,而电子束斑也相应比较大。NBD(纳米)微衍射模式需要有小的束斑,一般需要激发全部三级聚光镜并相应缩小光阑口径以最大限度减小束斑大小,其会聚角也相应比较小。CBED 会聚束衍射模式也激发三级聚光镜但开放光阑以实现大角度会聚。各模式光路示意图可如图 6-14 所示。

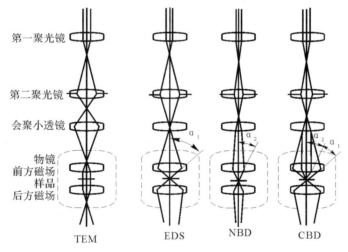

图 6-14　几种典型电镜模式

透射电子显微镜的成像系统由物镜、中间镜(1～2 个)和投影镜(1～2 个)组成。成像系统的两个基本操作是将衍射花样或图像投影到荧光屏上。照明系统提供了一束相干性很好的照明电子束,这些电子穿越样品后便携带样品的结构信息,沿各自不同的方向传播(比如,当存在满足布拉格方程的晶面组时,可能在与入射束交成 2θ 角的方向上产生衍射束),物镜将来自样品不同部位、传播方向相同的电子在其背焦面上会聚为一个斑点,沿不同方向传播的电子相应地形成不同的斑点,其中散射角为零的直射束被会聚于物镜的焦点,形成中心斑点。这样,在物镜的背焦面上便形成了衍射花样,而在物镜的像平面上,这些电子束重新组合相干成像。通过调整中间镜的透镜电流,使中间镜的物平面与物镜的背焦面重合,可在荧光屏上得到衍射花样[见图 6-15(a)]。若使中间镜的物平面与物镜的像平面重合得到显微像[见图 6-15(b)]。通过两个中间镜相互配合,可实现在较大范围内调整相机长度和放大倍数。

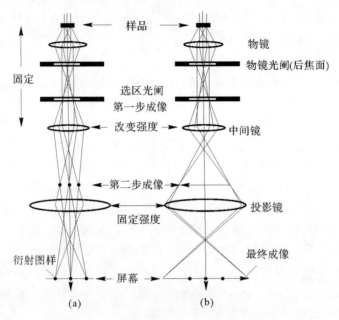

图 6-15　透射电镜成像系统的两种基本操作

(a)将衍射谱投影到荧光屏；(b)将显微像投影到荧光屏

3. 成像原理

透射电子显微镜在成像原理上与光学显微镜类似,它们的根本不同点在于光学显微镜以可见光作照明束,透射电子显微镜则以电子为照明束在光学显微镜中将可见光聚焦成像的玻璃透镜,在电子显微镜中相应的为磁透镜。由于电子波长极短,同时与物质作用遵从布拉格(Bragg)方程,产生衍射现象,因而使得透射电镜自身在具有高的像分辨本领的同时兼有结构分析的功能。

透射电镜的成象原理是由照明部分提供的有一定孔径角和强度的电子束平行地投影到处于物镜物平面处的样品上,通过样品和物镜的电子束在物镜后焦面上形成衍射振幅极大值,即第一幅衍射谱。这些衍射束在物镜的象平面上相互干涉形成第一幅反映试样为微区特征的电子图象。通过聚焦(调节物镜激磁电流),使物镜的象平面与中间镜的物平面相一致,中间镜的象平面与投影镜的物平面相一致,投影镜的象平面与荧光屏相一致,这样在荧光屏上就察观到一幅经物镜、中间镜和投影镜放大后有一定衬度和放大倍数的电子图象。由于试样各微区的厚度、原子序数、晶体结构或晶体取向不同,通过试样和物镜的电子束强度产生差异,因而在荧光屏上显现出由暗亮差别所反映出的试样微区特征的显微电子图象。电子图象的放大倍数为物镜、中间镜和投影镜的放大倍数之乘积。

6.4.3　仪器设备

采用美国生产的 FEI Tecnai G2 F20 透射电子显微镜。

6.4.4　实验步骤

1. 透射电镜的操作步骤

(1)抽真空。接通总电源,打开冷却水,接通抽真空开关,真空系统就自动的抽真空。一般经 15 ～ 20 min 后,真空度即可达到 $10^{-4} \sim 10^{-5}$ Torr,待高真空指示灯亮后即可上机工作。

(2)加电子枪高压。接通镜筒内的电源,给电子枪和透镜供电,由低至高速级给电子枪加高压,直至所需值。

(3)更换样品。通常在电子枪加高压而关闭灯丝电源的条件下置换样品。取出样品时,首先打开过渡室和样品空间的空气锁紧阀门,向外拉样品杆,然后将过渡室放气,最终拉出样品杆,从样品座中取出样品。换上所需观察的样品,必须将样品铜网牢固地夹持在样品杆的样品座中,然后将样品杆插入过渡室,过渡室抽真空并使其达到真空度要求,打开过渡室和样品空间的空气锁紧阀,将样品杆推进样品室。

(4)加灯丝电流并使电子束对中。顺时针方向转动灯丝电流钮,慢慢加大灯丝电流,注意电子束流表的指示和荧光屏亮度,当灯丝电流加大到一定值时,束流表的指示和荧光屏亮度不再增大,即达到灯丝电流饱和值。

(5)图像观察。当束流调到所需值后,最终推进样品杆,用样品平移传动装置把样品座调到观察位置,即可进行图像观察。首先在低倍下观察,选择感兴趣的视场,并将其移到荧屏中心,然后调节中间镜电流确定放大倍数,调节物镜电流使荧光屏上的图象聚焦至最清晰。

(6)照相记录。当荧光屏上的图像聚焦至最清晰时,便可进行照相记录。

(7)停机。顺序地关闭灯丝电源、关闭高压、镜筒内的电源、关闭抽真空开关、约 30 min 后关闭总电源和冷却水。

2. 试样的制备

(1)粉末样品的制备。用超声波分散器将需要观察的粉末在溶液中分散成悬浮液。用滴管滴几滴在覆盖有碳加强火棉胶支持膜的电镜铜网上。待其干燥后,再蒸上一层碳膜,即成为电镜观察用的粉末样品。

(2)块状样品的制备。块状材料是通过减薄的方法制备成对电子束透明的样品。制备块状一般有以下步骤:

1)切取厚度小于 0.5 mm 的薄块。

2)用金相砂纸研磨,把薄块减薄到 0.1～0.05 mm 左右的薄片。为避免严重发热或形成应力,可采用化学抛光法。

3)用电解抛光,或离子轰击法进行最终减薄,在孔洞边缘获得厚度小于 500 nm 的薄区。

6.4.5　实验报告及要求

(1)简述透射电镜的结构。

(2)简要说明透射电镜成像原理。

(3)根据实验体会,说明对透射电镜的认识。

6.4.6　思考题

1. 简述透射电镜的成像原理。

2. 透射电镜的分辨率与哪些因素有关?

3. 粉末样品和块体样品对制样有何要求?

6.5 红外光谱定性分析

6.5.1 实验目的

(1)学习红外光谱定性分析的基本原理,熟悉红外光谱图的基本特征。

(2)掌握利用红外光谱进行定性分析的基本方法和鉴定程序。

(3)测绘一种未知物的红外光谱,查阅标准图谱鉴定其物相。

6.5.2 红外光谱定性分析仪的基本原理

每一种物质的红外光谱都反映了该物质的结构特征,通常用以下 4 个基本参数表征。

(1)谱带数目。由于分子振动过程偶极距变化时才产生红外共振吸收,而相同或相近频率的振动可能发生简并、倍领、组合频等效应将导致红外光谱谱带数目与理论数目 3N - 6(或 3N - 5)不符。但是,每种物质的实测红外光谱谱带数目都是一定的,它是定性分析的重要指标。

(2)谱带位置。红外光谱带的位置即谱带所对应的频率,对应着化合物中分子或基团的振动形式,如 3 756/cm、3 657/cm,对应着 OH-键的伸缩振动,1 430/cm 对应着 CO_3^{2-} 的伸缩振动,1 120/cm 对应着 SO_4^{2-} 的伸缩振动。因此,谱带位置是指示某一分子或某一基团存在的标志。对于同一基团来说,伸缩振动频率较高,弯曲振动频率较低。对不同基团来说,价键越强,振动频率越高;同一键连接的原子越轻,振动频率越高。

(3)谱带形状。红外光谱带的形状也是由物质分子内或基团内价镍的振动形式决定的。每一物态、每一基团、每一振动形式对应着一定的语带形状。因此,红外光谱带的形状也能揭示物质结构的信息。如结晶好的物质的吸收谱带较尖较窄,结晶不好的物质的吸收谱带宽而漫散;无机物基团的吸收谱带大而宽,有机物基团的吸收谱带尖而窄;对称性高的分子或基团谱带连续完整,绝对称性较低者出现分裂谱带。因此,物质的红外吸收谱带位置能指示基团的存在,而谱带的形状能反映物质的状态和结构细节。

(4)相对强度。红外光谱带的相对强度是指某物质的所有红外吸收谱带相对于其一吸收谱带的比值。每一种物质,每一吸收谱带的相对强度都是一定的,它同样是由该吸收谱带所对度的价键的振动决定的。当价键振动时,引起偶极距的变化大,红外吸收谱带的强度大;对同一基团来说,伸缩振动吸收谱带强度大,弯曲振动吸收谱带强度小,反对称伸缩振动吸收谱带强度大,对称伸缩振动吸收谱带强度小;对不同基团来说,强极性基团的吸收谱带强度大,弱极性基团的吸收谱带强度小。因此,每一种物质的各个红外吸收谱带的相对强度是有一定的规律的,可作为检验结构基团或化合物存在的佐证。

应该指出,一种物质的红外光谱的谱带数目、谱带位置、谱带形状及相对强度随物质分子间键力的变化、基团内甚至基团外环境的改变而变化。如固体物质分子之间产生相互作用会使一谱带发生分裂,晶体内分子对称性降低会使简并的谱带解并成多重谱带;分子间氢键的形成会使谱带形状变宽,伸缩振动频率向低波数位移,而弯曲振动频率向高波数位移。

总之,一种物质的红外光谱记录了其组成分子的振动(包括转动),而振动的频率取决于组成原子的质量、化学键的强弱和物质内部的结构基团。原子的种类、键力的变化及基团的组合都可以在红外光谱图上表现出来。因此,每一种具有确定化学组成和结构特征的相同物质,都应具有相同的吸收谱带数目、谱带位置、谱带形状和谱带强度的红外光谱。当化合物的化学组成或结构特征不同时,其红外特征谱带就发生变化。这样,就可以根据红外光谱的特征吸收谱带鉴定物质。比如确定阴离子结构基团和水的形式,鉴别类质同相和同质多相,研究配位体和聚合体以及鉴定各种化合物。

6.5.3　红外定性分析的基本方法

红外光谱定性分析的基本方法通常分为两大类:一类是对已知物质的确认,另一类是对未知物质的指认。

1. 已知物质的确认

大多数的红外光谱分析工作都是验证某结构基团或某一化合物是否存在于被测试样中,或评价某一化合物是否含有杂质,或者研究制备工艺对物质结构的影响等,所有这些分析工作都属于用红外光谱对已知物质的确认范畴。

对于已知物质的确认,通常采用标准试样法或标准图谱法。

(1)标准试样法。标准试样法通常是指化学试剂或根据已知物质的化学式采用人工合成的方法制备的物质。制备的物质是否符合标准,要用其他方法,如 X 射线衍射法等进行验证。在相同的制样方法和实验条件下测绘标准试样和待测试样的红外光谱,并将二者进行对比,若二者的吸收谱带数目、位置、形状及相对强度完全吻合,待测物质即与标准物质相同。

(2)标准图谱法。标准图谱法是将待测物质的红外光谱与标准图谱相对比,从而进行物相鉴定。标准图谱可以在日常工作中收集一些纯物质的红外光谱,也可以查阅标准图谱集。常用的标准图谱集有《Infiared Spectra of Inorganic Compound》《矿物的红外光谱图集》《Sadder 标准红外光谱》。在查阅标准图谱时,要注意标准图的试样状态、制样方法及光谱测绘条件,只有相同条件下的对比才是有意义的。与标准试样法一样,只有在全部谱带数目、位置、形状和相对强度完全吻合时才能确认。必须说明,在比较待确认物质与标准试样的红外光谱时,若二者吸收谱带的数目、相对强度没有变化,吸收谱带的形状没有变化或变化较小,吸收谱带的频率发生位移或位移较小,说明二者结构基本相同,但结构的某些畸变引起了谱带频率或形状的微小变化。如图 6-16 所示列出了掺杂与未掺杂 $\beta-C_2S$ 的红外光谱:

比较各图可知掺杂 $\beta-C_2S$ 保持了—C_2S 中 SO_4^{2-} 的基本振动,说明掺杂后 $\beta-C_2S$ 晶体的基本结构不变。但观察每条谱线的细微变化,与未掺杂 $\beta-C_2S$ 比较发现,掺入 MgO,995/cm 峰变宽,峰值下降,930 cm,910 cm 位移达 $16\sim20$ cm,846 cm 强度减弱,可见掺入 MgO 使 SiO_4^{4-} 发生畸变,晶体无序度增加。掺入 K_2O 后 Si-O 伸缩振动与 O-Si-O 弯曲振动谱带位置基本不变,但峰形宽化,分辨率降低,说明 K^+ 取代 Ca^{2+} 后的 $\beta-C_2S$ 晶体的无序度增加。掺入 $BaSO_4$ 后 SiO_4^{4-} 振动吸收峰宽化严重,995 cm、846 cm 强度减弱,930 cm 消失,说明 Ba^{2+} 取代 Ca^{2+},SO_4^{2-} 取代 SiO_4^{4-} 使 $\beta-C_2S$ 晶体混乱度增加,蜕晶质严重。

2. 未知物的指认

利用红外光谱对未知物进行指认,如果是单相矿物,根据其特征谱带查阅标准图谱,通常不难鉴定。但若未知物为多相混合物质,各种物质的红外吸收带都将在未知物的红外光谱图上出现,谱带可能重叠,频率可能位移,给未知物的分析鉴定工作造成困难。通常按下面的鉴定程序进行分析。

(1)采用合适的制样方法和测试条件,测绘一张高质量的红外光谱。

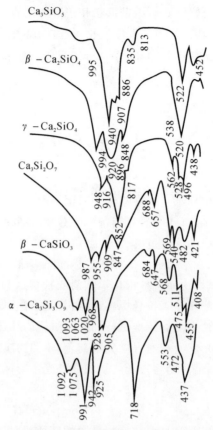

图 6-16　掺杂 β-C_2S 的红外光谱

（图中带"＊"号的峰系试样中出现微量玻璃质的 Si-O-Si 振动所致）

（2）根据样品来源、制备工艺、化学成分及其他测试资料，估计可能物相。

（3）排除可能的干扰带（KBr 或试样的吸湿引起水的吸收带，大气中 CO_2 的吸收带或仪器部件污染引起的吸收带），鉴定未知物中可能存在的结构基团。

对结构基团的确定，应先从高频区入手，找出表征结构基团的特征频率，再查对该基团的低频区的相关吸收带的频率，只有当基团特征频率与相关频率同时出现时才能作出基团的鉴定。这种鉴定方法只适宜于未知物中各相吸收带不重叠或重叠很少时。若各相吸收带重叠较多，通常不能对未知物中的结构基团作出准确的鉴定。

（4）化合物的鉴定。尽管确定了结构基团或估计了可能的结构基团，但进一步利用红外光谱鉴定未知物中有哪几种化合物却是一件困难的工作。通常根据可能的结构基团选用合适的化学方法对未知各组分进行分离提纯，分别测定提纯物的红外光谱，按已知物确认的鉴定方法来鉴别化合物。

（5）含有相同结构基团的化合物的鉴定。对于含有相同结构基团的未知化合物，它们的红外光谱谱带重叠严重，采用组分分离提纯的方法往往又较困难，这时必须根据特征结构基团中的特征峰来予以识别。比如硅酸钙类矿物都含 Si-C 团，如图 6-17 所示。

在 $400\sim1\,100$ cm 范围内的谱带均由 SiO_4^{4-} 阴离子团引起（钙离子影响很小）。其中 850 $\sim1\,000$ cm 的谱带由 Si-O 伸缩振动引起；$400\sim600$ cm 的谱带由 O-Si-O 的弯曲振动引

起；1 000～1 100 cm 和 630～720 cm，由 Si－O－Si 硅桥氧振动引起。但是这些硅酸钙都有区别于其他硅酸钙的特征峰。$\beta-Ca_2SiO_4$ 的强吸收峰 994 cm 可明显区别于 $\gamma-Ca_2SiO_4$ 和 Ca_3SiO_5，$\gamma-Ca_2SiO_4$ 的强吸收峰 852 cm 及 562 cm 吸收峰可明显区别于 $\beta-Ca_2SiO_4$ 和 Ca_3SiO_5，$\alpha-Ca_2SiO_4$ 和 Ca_3SiO_5，$\alpha-Ca_3Si_3O_9$ 中的强吸收峰 718 cm 可明显区别于 $\alpha-Ca_2SiO_4$ 和 Ca_3SiO_5 中的 684 cm、647 cm，1 020 cm，1 063 cm，1 093 cm 和 $\alpha-Ca_3Si_3O_9$ 中的 718 cm，1 075 cm，1 092 cm 的出现足以证明它们的结构中含有硅氧桥 Si－O－Si 键，这也是焦硅酸钙类与正硅酸钙类区分的标志。

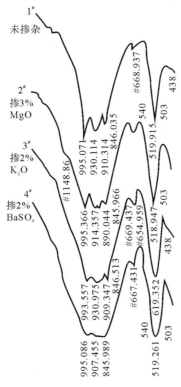

图 6-17 硅酸钙多晶样品的红外光谱

硅酸盐材料中含相同结构基团的矿物很多，当无法分离提纯时，根据所测红外光谱，查阅有关标准图谱并注重特征基团中的特征峰，往往可以用作正确地鉴定宝石。

6.5.4 实验和数据处理

(1)实验室配有各种矿物，选择一种测绘一张红外光谱，记录各种测试条件。

(2)标注所测红外光谱图各吸收峰的波数(若仪器已打印出波数，不必另行标注)。

(3)根据所测矿物的红外光谱查阅有关特征频率表或标准图谱集，鉴定所测矿物。

6.5.5 思考题

1. 红外光谱定性分析有何特点？

2. 红外光谱分析的基本原理是什么？ 如何分析？

3. 只根据特征频率为什么不能确定化合物的种类？

参 考 文 献

[1] 祝桂洪. 陶瓷工艺实验[M]. 北京:中国建筑工业出版社,1987.
[2] 吴绳愚. 陶瓷计算、坯釉配方及其性能计算[M]. 北京:轻工业出版社,1983.
[3] 葛山. 无机非金属材料实验教程[M]. 北京:冶金工业出版社,2010.
[4] 王瑞生. 无机非金属材料实验教程[M]. 北京:冶金工业出版社,2004.
[5] 曲远方. 无机非金属材料专业实验[M]. 天津:天津大学出版社,2003.
[6] 张旭东. 无机非金属材料学[M]. 济南:山东大学出版社,2000.
[7] 杨淑珍. 无机非金属材料测试实验[M]. 武汉:武汉工业大学出版社,1991.
[8] 杨南如. 无机非金属材料测试方法[M]. 武汉:武汉工业大学出版社,1990.
[9] 伍洪标. 无机非金属材料实验[M]. 北京:化学工业出版社,2002.
[10] 高里存. 无机非金属材料实验技术[M]. 北京:冶金工业出版社,2007.
[11] 周永强. 无机非金属材料专业实验[M]. 哈尔滨:哈尔滨工业大学出版社,2002.
[12] 盛厚兴. 现代建筑卫生陶瓷手册[M]. 北京:中国建筑工业出版社,1998.
[13] 王培铭. 材料研究方法[M]. 上海:同济大学出版社,2004.
[14] 彭小芹. 建筑材料工程专业实验[M]. 北京:中国建材工业出版社,2004.
[15] 俞康泰. 陶瓷色釉料与装饰导论[M]. 武汉:武汉工业大学出版社,1998.
[16] 张长瑞. 陶瓷基复合材料原理、工艺、性能与设计[M]. 长沙:国防科技大学出版社,2001.
[17] 陈方平. 材料专业基础化学实验[M]. 北京:中国标准出版社,2005.
[18] 刘天模. 工程材料系列课程实验指导[M]. 重庆:重庆大学出版社,2008.
[19] 葛利玲. 材料科学与工程基础实验教程[M]. 北京:机械工业出版社,2008.
[20] 邹建新. 材料科学与工程实验指导教程[M]. 成都:西南交通大学出版社,2010.
[21] 马南钢. 材料物理性能综合实验[M]. 北京:机械工业出版社,2010.
[22] 马礼敦. 近代X射线多晶体衍射实验技术与数据分析[M]. 北京:化学工业出版社,2004.
[23] 王英华. X光衍射技术基础[M]. 北京:原子能出版社,1987.
[24] 周玉. 材料分析测试技术[M]. 哈尔滨:哈尔滨工业大学出版社,1998.
[25] 王成国. 材料分析测试方法[M]. 上海:上海交通大学出版社,1994.
[26] 马小娥. 材料实验与测试技术[M]. 北京:中国电力出版社,2008.